Linux
企业高性能架构实战

吴光科 曹 森 赵瑞丰 编著

清華大學出版社
北京

内 容 简 介

本书从实用的角度出发，详细介绍了Postfix、ExtMan、ExtMail、Jenkins、ELK等的相关理论与应用。全书共5章，包括企业邮件服务器实战、Jenkins持续集成企业实战、SVN版本管理实战、Git版本管理企业实战和ELK日志平台企业实战。

本书免费提供与书中内容相关的视频课程讲解，以指导读者深入地进行学习，详见前言中的说明。

本书既可作为高等学校计算机相关专业的教材，也可作为系统管理员、网络管理员、Linux运维工程师及网站开发、测试、设计等人员的参考书。

图书在版编目（CIP）数据

Linux企业高性能架构实战 / 吴光科，曹森，赵瑞丰编著. —北京：清华大学出版社，2023.5
（Linux开发书系）
ISBN 978-7-302-63385-3

Ⅰ. ①L… Ⅱ. ①吴… ②曹… ③赵… Ⅲ. ①Linux操作系统 Ⅳ. ①TP316.85

中国国家版本馆CIP数据核字（2023）第068442号

责任编辑：刘　星
封面设计：李召霞
责任校对：李建庄
责任印制：丛怀宇

出版发行：清华大学出版社
网　　址：http://www.tup.com.cn, http://www.wqbook.com
地　　址：北京清华大学学研大厦A座　　**邮　　编**：100084
社 总 机：010-83470000　　**邮　　购**：010-62786544
投稿与读者服务：010-62776969，c-service@tup.tsinghua.edu.cn
质 量 反 馈：010-62772015，zhiliang@tup.tsinghua.edu.cn
课 件 下 载：http://www.tup.com.cn，010-83470236
印 装 者：北京同文印刷有限责任公司
经　　销：全国新华书店
开　　本：186mm×240mm　　**印　　张**：11.25　　**字　　数**：212千字
版　　次：2023年7月第1版　　**印　　次**：2023年7月第1次印刷
印　　数：1～2000
定　　价：69.00元

产品编号：101566-01

前 言
PREFACE

Linux 是当今三大操作系统（Windows、macOS、Linux）之一，其创始人是林纳斯·托瓦兹①。林纳斯·托瓦兹 21 岁时用 4 个月的时间首次创建了 Linux 内核，于 1991 年 10 月 5 日正式对外发布。Linux 系统继承了 UNIX 系统以网络为核心的思想，是一个性能稳定的多用户网络操作系统。

20 世纪 90 年代至今，互联网飞速发展，IT 引领时代潮流，而 Linux 系统是一切 IT 的基石，其应用场景涉及方方面面，小到个人计算机、智能手环、智能手表、智能手机等设备，大到服务器、云计算、大数据、人工智能、数字货币、区块链等领域。

为什么写《Linux 企业高性能架构实战》这本书？这要从我的经历说起。我出生在贵州省一个贫困的小山村，从小经历了砍柴、放牛、挑水、做饭，日出而作、日落而归的朴素生活，看到父母一辈子都生活在小山村里，没有见过大城市，所以从小立志要走出大山，要让父母过上幸福的生活。正是这样的信念让我不断地努力。大学毕业至今，我在“北漂”的 IT 运维路上已走过了十多年：从初创小公司到国有企业、机关单位，再到图吧、研修网、京东商城等 IT 企业，分别担任过 Linux 运维工程师、Linux 运维架构师、运维经理，直到现在创办的京峰教育培训机构。

一路走来，很感谢生命中遇到的每一个人，是大家的帮助，让我不断地进步和成长，也让我明白了一个人活着不应该只为自己和自己的家人，还要考虑到整个社会，哪怕只能为社会贡献一点点价值，人生就是精彩的。

为了帮助更多的人通过技术改变自己的命运，我决定和团队同事一起编写这本书。虽然市面上关于 Linux 的书籍有很多，但是很难找到一本关于 Postfix、ExtMan、ExtMail、Jenkins、ELK 等的详细、全面的主流技术书籍，这就是编写本书的初衷。

---

① 创始人全称是 Linus Benedict Torvalds（林纳斯·本纳第克特·托瓦兹）。

配套资源

- 程序代码、面试题目、学习路径、工具手册、简历模板等资料，请扫描下方二维码下载或者到清华大学出版社官方网站本书页面下载。

配套资源

- 作者精心录制了与 Linux 开发相关的视频课程（3000 分钟，144 集），便于读者自学。扫描封底“文泉课堂”刮刮卡中的二维码进行绑定后即可观看（注：视频内容仅供学习参考，与书中内容并非一一对应）。

虽然已花费大量的时间和精力核对书中的代码和内容，但难免存在纰漏，恳请读者批评指正。

吴光科

2023 年 4 月

致谢

ACKNOWLEDGEMENT

感谢 Linux 之父林纳斯·托瓦兹，他不仅创造了 Linux 系统，还影响了整个开源世界，也影响了我的一生。

感谢我亲爱的父母，含辛茹苦地抚养我们兄弟三人，是他们对我无微不至的照顾，让我有更多的精力和动力去工作，去帮助更多的人。

感谢花杨梅、吴俊、韩刚、舒畅、何新华、朱军鹏、孟希东、黄鑫、祝天华、焦伟、申明伟、王绍杰、王鹏、余海及其他挚友多年来对我的信任和鼓励。

感谢腾讯课堂所有的课程经理及平台老师，感谢 51CTO 副总裁一休及全体工作人员对我及京峰教育培训机构的大力支持。

感谢京峰教育培训机构的每位学员对我的支持和鼓励，希望他们都学有所成，最终成为社会的中流砥柱。感谢京峰教育首席运营官蔡正雄，感谢京峰教育培训机构的辛老师、朱老师、张老师、关老师、兮兮老师、小江老师、可馨老师等全体老师和助教、班长、副班长，是他们的大力支持，让京峰教育能够帮助更多的学员。

最后要感谢我的爱人黄小红，是她一直在背后默默地支持我、鼓励我，让我有更多的精力和时间去完成这本书。

吴光科

2023 年 4 月

目录

CONTENTS

第 1 章　企业邮件服务器实战

1.1　邮件服务器简介

邮件服务器是一种用来负责电子邮件收发管理的设备，自主构建的邮件服务器比网络上的免费邮箱更加安全和高效，因此邮件服务器几乎是每个公司必备的硬件之一。

邮件服务器构成了电子邮件系统的核心，每个收信人都有一个位于某个邮件服务器上的邮箱（mailbox），一个邮件消息的典型旅程是从发信人的用户代理开始，途经发信人的邮件服务器，中转到收信人的邮件服务器，然后投递到收信人的邮箱。

简单邮件传送协议（Simple Mail Transfer Protocol，SMTP）是因特网电子邮件系统首要的应用层协议。它使用由 TCP 提供的可靠的数据传输服务把邮件消息从发信人的邮件服务器传送到收信人的邮件服务器。

为使用户的系统域名能被正确解析为相应的服务器地址，邮件服务器需要能够在互联网上被识别和查找到，这样邮件系统才能实现邮件的投递和接收。因此邮件服务器需要进行 DNS 设置，包括 MX 记录和 A 记录的设置。

整个邮件系统包括服务器端和客户端，服务器基于 SMTP 协议，客户端基于 POP3、IMAP 等协议。SMTP 监听端口为 TCP 25 端口，POP3 监听端口为 110，IMAP 监听端口为 143。

发送一封电子邮件信息时，信息会从一台服务器传递到另一台服务器，直到发送到收件人的电子邮件服务器。

更准确地说，信息被发送到负责传输邮件的服务器，即邮件传输代理（Mail Transport Agent，MTA）经过若干 MTA 后，最终到达收件人的 MTA。在互联网上，MTA 之间使用 SMTP 协议进行通信，故称为 SMTP 服务器。

收件人的 MTA 会将电子邮件投递给邮件接收服务器，即邮件投递代理（Mail Delivery Agent，MDA），MDA 会保存邮件并等待用户收取，如图 1-1 所示。MDA 主要有两种协议：POP（Post Office Protocol）和 IMAP（Internet Message Access）。

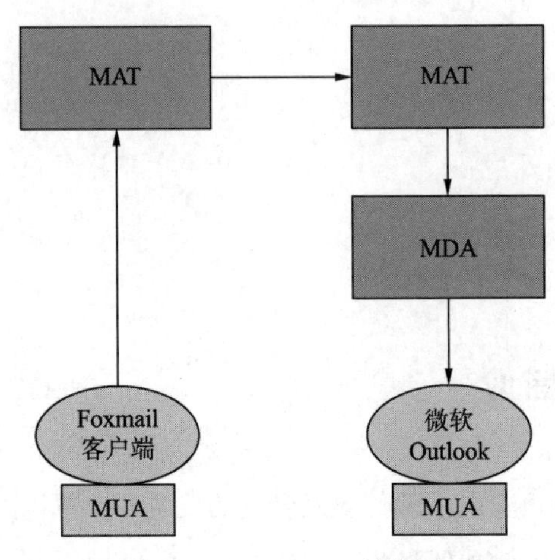

图 1-1 MTA-MUA 结构图

最简单比喻就是：MTA 类似邮局，而 MDA 类似信箱，MDA 存储邮件并等待收件人检查信箱。发件人与收件人无须直接建立连接。为避免邮件被其他人看到，MDA 要验证用户名和密码才能访问。收取邮件的工作由一个叫作邮件用户代理（Mail User Agent，MUA）的程序完成。如果 MUA 是用户计算机或其他设备上的一个程序，则称它为邮件客户端（如 Mozilla Thunderbird、网易邮箱大师、Foxmail、微软的 Outlook）。

POP3 协议允许电子邮件客户端下载服务器上的邮件，但是客户端的操作（如移动邮件、标记已读等）不会反馈到服务器上，比如通过客户端收取了邮箱中的 3 封邮件并移动到其他文件夹，邮箱服务器上的这些邮件是没有同时被移动的，所以有很多用户反馈使用 Foxmail 客户端配置 POP3 收取邮件的时候，有时候非常快，而使用 IMAP 方式收取打开邮件则非常慢。

IMAP 协议提供 WebMail 与电子邮件客户端之间的双向通信，客户端的操作都会反馈到服务器上，服务器上的邮件也会做相应的动作。

目前主流免费邮箱服务商有网易邮箱、QQ 邮箱、新浪邮箱、搜狐邮箱等。个人和中小型公司可以直接使用网易邮箱或者 QQ 企业邮箱，因为维护一个邮件服务器也是一项非常庞大的工程。

Linux 平台开源免费的邮件服务器包括 Sendmail、Postfix、Q-mail；而 Windows 平台主要为 Exchange 服务器（正版需要收费），后续章节主要基于 Linux 平台构建企业独立的邮件服务器系统。

邮件相关概念汇总如下。

MUA：用户代理端，即用户使用的写信、收信的客户端软件。

MTA：邮件传送端，即常说的邮件服务器，用于转发、收取用户邮件。

MDA：邮件代理端，相当于 MUA 和 MTA 的中间人，可用于过滤垃圾邮件。

POP：邮局协议，用于 MUA 连接服务器收取用户邮件，通信端口为 110。

IMAP：互联网应用协议，功能较 POP 多，通信端口为 143。

SMTP：简单邮件传送协议，MUA 连接 MTA（或 MTA 连接 MTA）发送邮件时使用此协议，通信端口为 25。

1.2　Sendmail 安装配置

作为 Linux/UNIX 下的老牌邮件服务器，Sendmail 是一款免费的邮件服务器软件，已被广泛地应用于各种服务器中，它在稳定性、可移植性，以及确保没有 bug 等方面具有一定的特色，且可以在网络中搜索到大量的使用资料，是一款最经典的 Linux 系统下的邮件服务器。

（1）Sendmail 环境版本。

```
系统版本：CentOS 6.8 64 位;
Sendmail 版本：Sendmail-8.14;
Open WebMail 版本：openwebmail-2.53-6、openwebmail-data-2.53-6。
```

（2）Sendmail 安装，代码如下，如图 1-2 所示。

```
yum install sendmail* -y
```

（3）Sendmail 服务配置。

配置 sendmail.cf 服务，通过 local-host-names 设置邮件服务器提供邮件服务的域名为 jfteach.com(jingfengjiaoyu.com)。

```
cp   /etc/mail/sendmail.mc /etc/mail/sendmail.mc.back
cp   /etc/mail/sendmail.cf /etc/mail/sendmail.cf.back
echo "jfteach.com" >>/etc/mail/local-host-names
```

```
[root@localhost ~]# yum install sendmail*

Loaded plugins: fastestmirror
Setting up Install Process
Determining fastest mirrors
base
extras
updates
Resolving Dependencies
--> Running transaction check
---> Package sendmail.x86_64 0:8.14.4-9.el6_8.1 will be insta
--> Processing Dependency: procmail for package: sendmail-8.1
--> Processing Dependency: libhesiod.so.0()(64bit) for package
---> Package sendmail-cf.noarch 0:8.14.4-9.el6_8.1 will be ins
---> Package sendmail-devel.x86_64 0:8.14.4-9.el6_8.1 will be
---> Package sendmail-doc.noarch 0:8.14.4-9.el6_8.1 will be i
---> Package sendmail-milter.x86_64 0:8.14.4-9.el6_8.1 will be
```

(a)

```
  Verifying  : sendmail-devel-8.14.4-9.el6_8.1.x86_64
  Verifying  : sendmail-8.14.4-9.el6_8.1.x86_64
  Verifying  : procmail-3.22-25.1.el6_5.1.x86_64
  Verifying  : sendmail-milter-8.14.4-9.el6_8.1.x86_64
  Verifying  : sendmail-doc-8.14.4-9.el6_8.1.noarch
  Verifying  : sendmail-cf-8.14.4-9.el6_8.1.noarch

Installed:
  sendmail.x86_64 0:8.14.4-9.el6_8.1                  sen
  sendmail-devel.x86_64 0:8.14.4-9.el6_8.1            sen
  sendmail-milter.x86_64 0:8.14.4-9.el6_8.1

Dependency Installed:
  hesiod.x86_64 0:3.1.0-19.el6                  procmail

Complete!
```

(b)

```
[root@localhost yum.repos.d]# yum install openwebmail
Loaded plugins: fastestmirror
Setting up Install Process
Loading mirror speeds from cached hostfile
openwebmail
openwebmail/primary_db
Resolving Dependencies
--> Running transaction check
---> Package openwebmail.noarch 0:2.53-6.el6 will be installe
--> Processing Dependency: openwebmail-data = 2.53-6.el6 for
--> Processing Dependency: perl-suidperl for package: openweb
--> Processing Dependency: perl-Text-Iconv for package: openw
--> Processing Dependency: perl-Compress-Zlib for package: op
--> Processing Dependency: perl-CGI for package: openwebmail-
--> Running transaction check
---> Package openwebmail-data.noarch 0:2.53-6.el6 will be ins
```

(c)

图 1-2 Sendmail 安装过程

配置 Sendmail 监听服务器网卡地址为 0.0.0.0。

```
sed  -i  's/Addr = 127.0.0.1/Addr=0.0.0.0/g' /etc/mail/sendmail.mc
```

修改 vi /etc/mail/sendmail.mc 如下两行，开启 SMTP 所有的用户必须认证。

```
Dnl TRUST_AUTH_MECH('EXTERNAL DIGEST-MD5 CRAM-MD5 LOGIN PLAIN')dnl
Dnl define('confAUTH_MECHANISMS', 'EXTERNAL GSSAPI DIGEST-MD5 CRAM-MD5 LOGIN
PLAIN')dnl
```

修改为：

```
TRUST_AUTH_MECH('EXTERNAL DIGEST-MD5 CRAM-MD5 LOGIN PLAIN')dnl
define('confAUTH_MECHANISMS', 'EXTERNAL GSSAPI DIGEST-MD5 CRAM-MD5 LOGIN
PLAIN')dnl
```

即去掉首行的 dnl。Sendmail 配置完毕。

Sendmail.mc 文件修改完毕，使用 m4 命令生成 sendmail.cf 主配置文件。

```
m4 sendmail.mc >sendmail.cf
/etc/init.d/sendmail restart
```

（4）配置 SMTP 认证。

saslauthd 服务作用：提供 SMTP 用户验证，检查用户名和密码是否正确，基于系统 shadow 文件验证配置。

```
service saslauthd restart
```

1.3　Dovecot 服务配置

Dovecot 是一个开源的 IMAP 和 POP3 邮件服务器，支持 Linux/UNIX 系统。作为 IMAP 和 POP3 服务器，Dovecot 为邮件用户代理（MUA）提供了一种访问服务器上存储的邮件的方法。但是 Dovecot 并不负责从其他邮件服务器接收邮件（类似 MDA）。

Dovecot 只是将已存储在邮件服务器上的邮件通过 MUA 显示出来，IMAP 和 POP3 是用于连接 MUA 与邮件存储服务器的两种常见的协议。

Dovecot 安装命令如下：

```
yum install  dovecot*  -y
```

去掉/etc/dovecot.conf 如下行前面的#号即可。

```
protocols = imap pop3 lmtp
```

（1）配置 Dovecot 禁止 SSL，设置邮箱。

```
vim /etc/dovecot/conf.d/10-ssl.conf
ssl = no
vim /etc/dovecot/conf.d/10-auth.conf
disable_plaintext_auth = no
vim /etc/dovecot/conf.d/10-mail.conf
mail_location = mbox:~/mail:INBOX=/var/mail/%u
```

（2）Sendmail 配置完毕。

Sendmail 建立邮箱用户，可以用客户端收发邮件即表示正常。

```
groupadd  mailgroup
useradd  -g mailgroup -s /sbin/nologin  jfedu
echo 123456|passwd  --stdin jfedu
mkdir -p /home/jfedu/mail/.imap/INBOX
chown  -R  jfedu.jfedu  /home/jfedu/
service  sendmail  restart
service  dovecot  restart
service  saslauthd  restart
```

1.4 Sendmail 别名配置

Sendmail 服务器中可以使用 aliases 机制实现邮件别名和邮件群发功能，也可以创建用户组，将用户加入某个组中，实现组邮件的群发。

/etc/目录下存在 aliases 和 aliases.db 两个文件，aliases 文件是文本文件，其内容是可阅读和可编辑的，aliases.db 是数据库文件，由 aliases 文件生成。在/etc/aliases 文件中添加如下代码：

```
jfedu:   jf1,jf2
```

给 jfedu@jfteach.com 发送邮件，将群发到 jf1@jfteach.com 和 jf2@jfteach.com。设置完成之后，通过 newaliases 命令生成新的 aliases.db 文件。

1.5 测试邮件收发

通过 Mail 命令发送邮件和收取邮件时，前提是能 ping 通 jfteach.com 域名，可以添加 hosts 或者映射 DNS。

```
echo "This first test Mail"|mail -s "Test Mail Postfix" jfedu1@jfteach.com
```

查看并收取邮件，如图 1-3 所示。

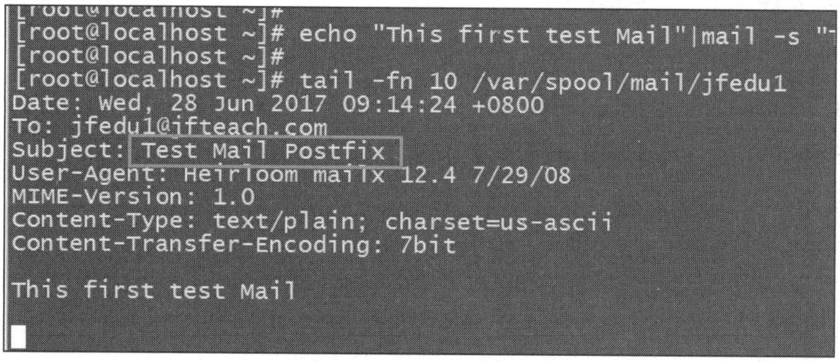

```
[root@localhost ~]#
[root@localhost ~]# echo "This first test Mail"|mail -s "
[root@localhost ~]#
[root@localhost ~]# tail -fn 10 /var/spool/mail/jfedu1
Date: Wed, 28 Jun 2017 09:14:24 +0800
To: jfedu1@jfteach.com
Subject: Test Mail Postfix
User-Agent: Heirloom mailx 12.4 7/29/08
MIME-Version: 1.0
Content-Type: text/plain; charset=us-ascii
Content-Transfer-Encoding: 7bit

This first test Mail
```

图 1-3　测试邮件收发

基于 Foxmail 邮件收发，如图 1-4 所示。

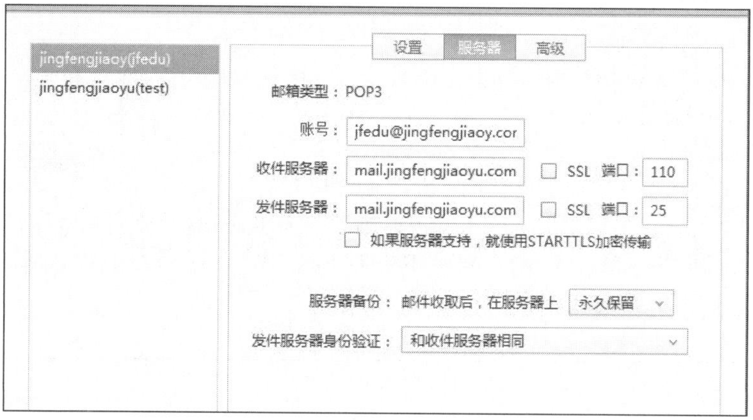

（a）

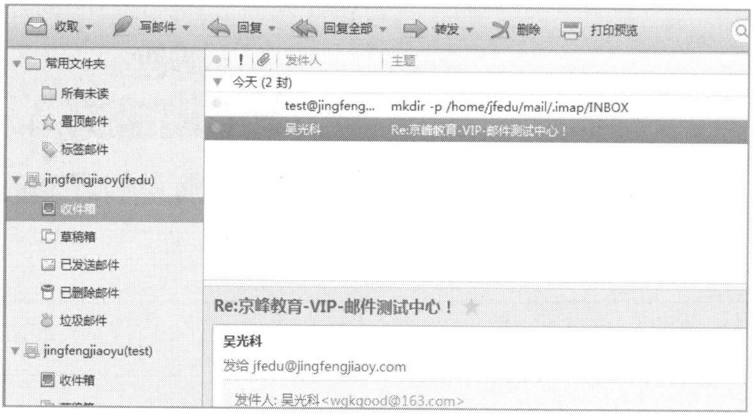

（b）

图 1-4　基于 Foxmail 邮件收发

1.6 配置 Open WebMail

配置完 Sendmail 邮件服务器，即可通过 Outlook、Foxmail 收发邮件。如果需要通过 Web 页面收发邮件，可以基于 Open WebMail 实现。例如访问 http://mail.jfteach.com/，以用户名和密码登录，进行邮件的发送与收取，则需配置 Open WebMail 软件。

（1）Open WebMail 服务安装。

```
cd /etc/yum.repos.d
wget -q http://openwebmail.org/openwebmail/download/redhat/rpm/release/
openwebmail.repo
yum install openwebmail -y
```

（2）Open WebMail 配置。

```
yum install httpd httpd-devel -y
/var/www/cgi-bin/openwebmail/openwebmail-tool.pl --init
vi  /var/www/cgi-bin/openwebmail/etc/openwebmail.conf
domainnames                     jfteach.com
default_language                  zh_CN.GB2312
default_iconset                  Cool3D.Chinese.Simplified
/var/www/cgi-bin/openwebmail/openwebmail-tool.pl --init
```

通过浏览器访问 Open WebMail，如图 1-5 所示。

（a）

图 1-5　通过浏览器访问 Open WebMail 的界面

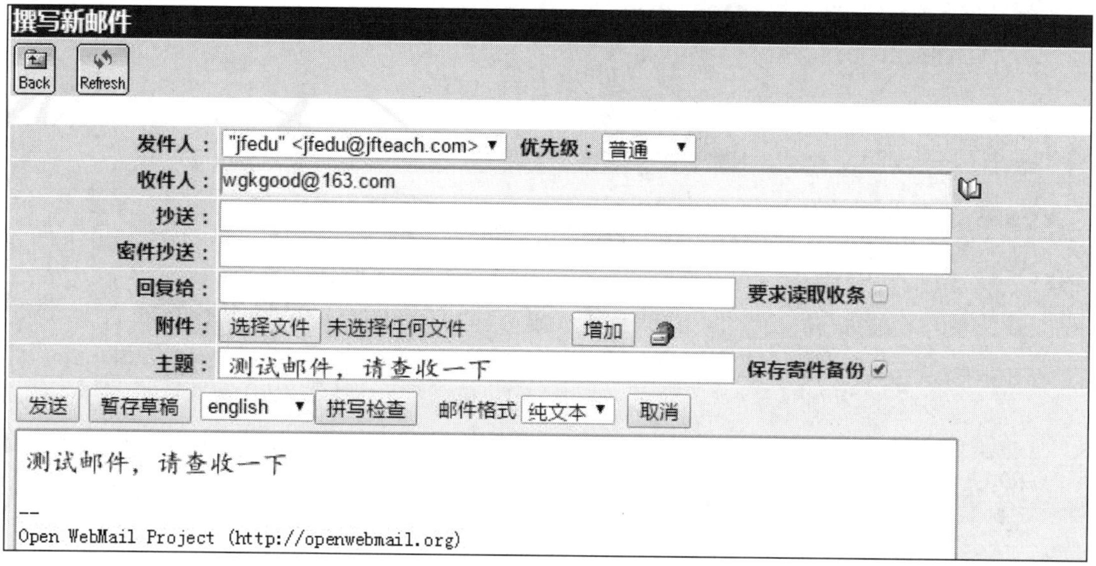

撰写新邮件

Back　Refresh

发件人："jfedu" <jfedu@jfteach.com>　优先级：普通

收件人：wgkgood@163.com

抄送：

密件抄送：

回复给：　要求读取收条

附件：选择文件　未选择任何文件　增加

主题：测试邮件，请查收一下　保存寄件备份

发送　暂存草稿　english　拼写检查　邮件格式　纯文本　取消

测试邮件，请查收一下

--
Open WebMail Project (http://openwebmail.org)

（b）

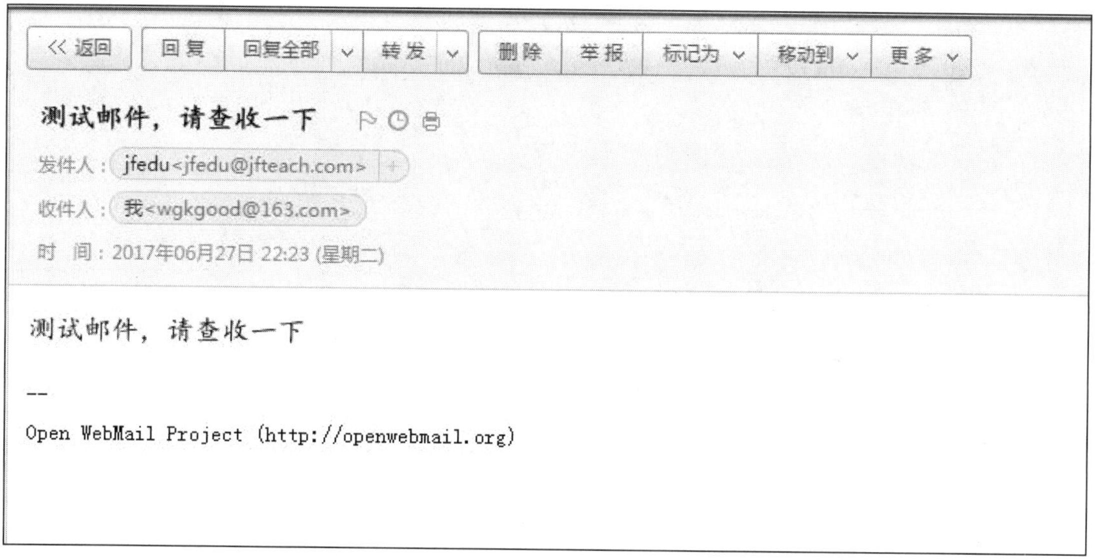

<< 返回　回复　回复全部　转发　删除　举报　标记为　移动到　更多

测试邮件，请查收一下

发件人：jfedu<jfedu@jfteach.com>

收件人：我<wgkgood@163.com>

时　间：2017年06月27日 22:23 (星期二)

测试邮件，请查收一下

--

Open WebMail Project (http://openwebmail.org)

（c）

图 1-5　（续）

Sendmail 外网域名配置方法如图 1-6 所示。

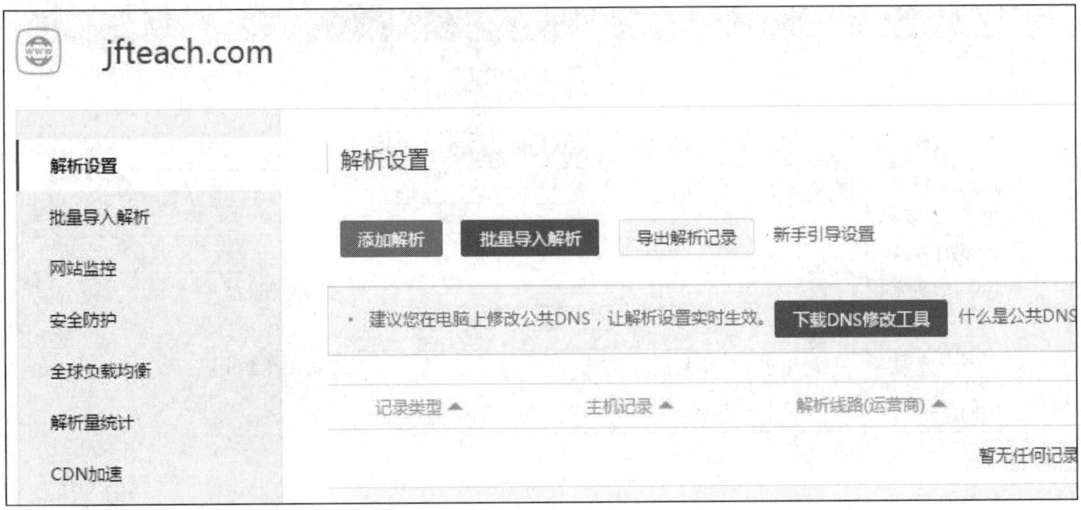

（a）

（b）

图 1-6　外网域名配置

同时配置 Apache rewrite 规则，开启访问 mail.jfteach.com 直接访问 Open WebMail 页面，规则如下：

```
RewriteEngine On
ProxyPreserveHost On
RewriteRule ^/$ http://mail.jfteach.com/cgi-bin/openwebmail/openwebmail.
pl [P,L,NC]
```

通过浏览器再次访问邮件域名地址，如图 1-7 所示。

图 1-7　访问邮件域名地址

1.7　Postfix 入门简介

Postfix 是 Wietse Venema 在 IBM 的 GPL 协议之下开发的 MTA（邮件传输代理）软件。Postfix 是 Wietse Venema 为使用最广泛的 Sendmail 提供替代品的一个尝试。

在互联网世界中，大部分电子邮件都是通过 Sendmail 投递的，大约有 100 万用户使用 Sendmail，每天投递上亿封邮件。这是一个让人吃惊的数字，Postfix 试图更快、更容易管理、更安全，同时与 Sendmail 保持足够的兼容性。Postfix 的拓扑结构如图 1-8 所示。

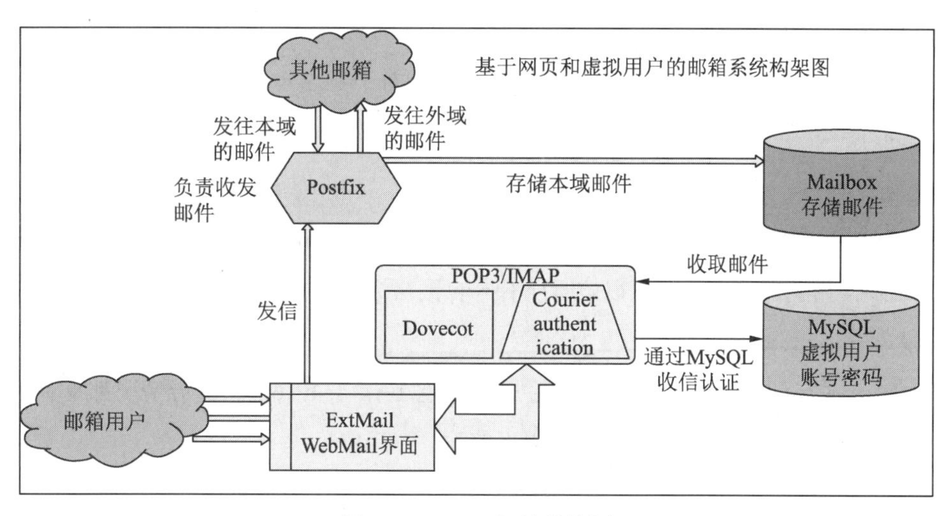

图 1-8　Postfix 拓扑结构图

1.8 Postfix 服务安装

Postfix 服务安装代码如下：

```
yum -y install postfix*
```

1.9 Postfix 服务器配置

编辑 Postfix 主配置文件，vi /etc/postfix/main.cf。

以下配置案例域名为 jfteach.com，邮件服务器主机名是 mail.jfteach.com。

（1）修改 myhostname。

```
myhostname = mail.jfteach.com
```

myhostname 参数即邮件服务器的主机名称。

（2）修改 mydomain。

```
mydomain = jfteach.com
```

mydomain 参数设定网域名称（Domain Name），主机名称通常建立在网域名称之内，如 www.google.com 是网页服务，mail.google.com 则是邮件主机服务，域名通常是主机名称（Hostname）去掉第一个掉包含前面的文字部分，比如 www.google.com 的域名是 google.com。

（3）修改 myorigin。

```
myorigin = $mydomain
```

myorigin 是邮件地址中“@”后面的文字内容，例如对于 wugk@163.com，163.com 即 myorigin。

（4）修改 smtp 监听端口。

```
inet_interfaces = all
```

inet_interfaces 参数指定 Postfix 系统监听的网络接口。Postfix 预设只会监听来自本机所传出的封包，必须使用上述设定，才可以监听所有来自网络端的所有封包。

（5）修改 inet_protocols。

修改 Postfix 的通信协定。目前网络的主流协定有 IPv4 与 IPv6，大部分情况都是利用 IPv4，如果 Mail Server 不需要使用 IPv6，可以作以下修改：

```
inet_protocols  =  ipv4
```

（6）修改 mydestination。

```
mydestination = $myhostname, localhost.$mydomain, localhost, $mydomain
```

mydestination 参数设定能够接收信件的主机名称，Postfix 预设只能收到设定的 Hostname、Domain Name 以及本机端的信件，此步骤是再增加能收信件的网络名称。

（7）设定信任用户端。

```
mynetworks = 127.0.0.0/8, 192.168.1.0/24, hash:/etc/postfix/access
```

mynetworks 参数设定信任的用户端，寄信时会参考此值，若非信任的用户，则不会将其信件转给其他 MTA 主机。

（8）设定 relay_domain（转发邮件域名）。

规范可以转发的 MTA 主机位址(收发 Mail 的程序一般统称为邮件用户代理 MUA(Mail User Agent)), 通常直接设为 mydestination。

```
relay_domains = $mydestination
```

（9）设定邮件别名的路径。

检查 alias_maps 是否为以下设定:

```
alias_maps = hash:/etc/aliases
```

（10）设定指定邮件别名表资料库路径。

检查 alias_ database 是否为以下设定:

```
alias_database = hash:/etc/aliases
```

（11）设定邮件主机使用权限与过滤机制及邮件别名。

执行以下命令:

```
#postmap   hash:/etc/postfix/access
#postalias hash:/etc/aliases
```

（12）重启 Postfix 服务。

Postfix 配置完毕，同样需要配置 Dovecot 及启动 saslauthd 服务，方可进行邮件收发。

```
/etc/init.d/postfix    restart
/etc/init.d/saslauthd  restart
/etc/init.d/dovecot   restart
```

以下为完整 Postfix 邮件服务器 main.cf 配置代码:

```
queue_directory = /var/spool/postfix
command_directory = /usr/sbin
```

```
daemon_directory = /usr/libexec/postfix
data_directory = /var/lib/postfix
mail_owner = postfix
myhostname = mail.jfteach.com
mydomain = jfteach.com
myorigin = $mydomain
inet_interfaces = all
inet_protocols = ipv4
mydestination = $myhostname, localhost.$mydomain, localhost, $mydomain
unknown_local_recipient_reject_code = 550
mynetworks = 0.0.0.0/0
relay_domains = $mydestination
alias_maps = hash:/etc/aliases
alias_database = hash:/etc/aliases
debug_peer_level = 2
debugger_command =
   PATH = /bin:/usr/bin:/usr/local/bin:/usr/X11R6/bin
   ddd $daemon_directory/$process_name $process_id & sleep 5
sendmail_path = /usr/sbin/sendmail.postfix
newaliases_path = /usr/bin/newaliases.postfix
mailq_path = /usr/bin/mailq.postfix
setgid_group = postdrop
html_directory = no
manpage_directory = /usr/share/man
sample_directory = /usr/share/doc/postfix-2.6.6/samples
readme_directory = /usr/share/doc/postfix-2.6.6/README_FILES
```

测试 Postfix 邮件收发，如图 1-9 所示。

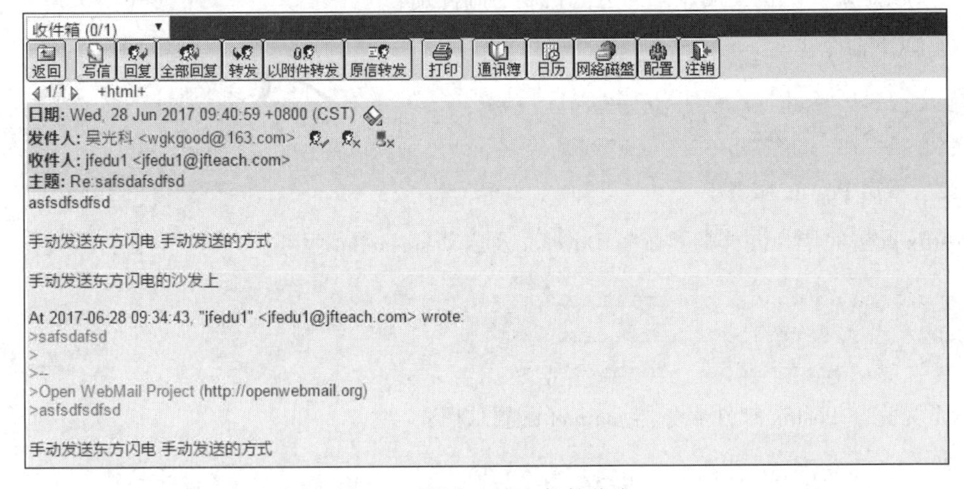

图 1-9 测试 Postfix 邮件收发

1.10 Foxmail 本地邮箱配置

（1）Linux 系统创建用户 jfedu1、jfedu2，同时设置密码。

```
useradd  jfedu1 ;echo 123456|passwd  --stdin jfedu1
useradd  jfedu2 ;echo 123456|passwd  --stdin jfedu2
mkdir -p  /home/jfedu1/mail/.imap/INBOX/
mkdir -p  /home/jfedu2/mail/.imap/INBOX/
chown  -R  jfedu1.jfedu1  /home/jfedu1/
chown  -R  jfedu2.jfedu2  /home/jfedu2/
```

（2）Dovecot Smtp 验证设置。

```
vim  /etc/dovecot/conf.d/10-auth.conf
disable_plaintext_auth = no
vim  /etc/dovecot/conf.d/10-mail.conf
mail_location = mbox:~/mail:INBOX=/var/mail/%u
vim  /etc/dovecot/conf.d/10-ssl.conf
ssl = no
```

（3）重启 Postfix 及 Dovecot 服务。

```
/etc/init.d/postfix   restart
/etc/init.d/dovecot  restart
```

Foxmail 客户端设置中 POP 服务器及 SMTP 服务器为 mail.jingfengjiaoyu.com，如图 1-10 所示。

（a）

（b）

图 1-10　Foxmail 客户端设置

设置完毕，发送测试邮件给 wgkgood@163.com，如图 1-11 所示。

图 1-11 Foxmail 邮件测试 1

登录 wgkgood@163.com 邮箱收取邮件，如图 1-12 所示。

图 1-12 Foxmail 邮件测试 2

从邮箱 wgkgood@163.com 发送邮件给邮箱 jfedu1@jingfengjiaoyu.com，收件如图 1-13 所示。

图 1-13　Foxmail 邮件测试 3

1.11　Postfixadmin 配置

Postfix 一般管理均基于命令行管理，对于运维人员来说比较麻烦，有没有 Postfix 图形界面管理工具呢？Postfixadmin 就是为 Postfix 邮件服务器提供的图形界面管理工具，用它可以很方便地管理 Postfix 服务器。

以下为 Postfixadmin 安装配置方法。由于 Postfixadmin 基于 PHP 语言编写，所以需要安装 LAMP（LNMP、LEMP）环境，同时最新版本 Postfixadmin 需要 PHP 5.4 以上才能支持。

（1）安装 LAMP 及 Postfixadmin 软件。

```
rpm -Uvh http://repo.webtatic.com/yum/el6/latest.rpm
yum remove php*
yum install php56w.x86_64 php56w-cli.x86_64 php56w-common.x86_64 php56w-gd.x86_64 php56w-ldap.x86_64 php56w-mbstring.x86_64 php56w-mcrypt.x86_64 php56w-mysql.x86_64 php56w-pdo.x86_64  -y
yum  install  httpd  httpd-devel  httpd-tools mysql mysql-devel mysql-server -y
wget https://jaist.dl.sourceforge.net/project/postfixadmin/postfixadmin/postfixadmin-3.1/postfixadmin-3.1.tar.gz
tar xzf postfixadmin-3.1.tar.gz -C /var/www/html/
cd  /var/www/html/
mv  postfixadmin-3.1/  postfixadmin
mkdir   -p  /var/www/html/postfixadmin/templates_c
chmod  -R  777  /var/www/html/postfixadmin/templates_c
chown  -R  root.root  /var/www/html/
```

（2）修改 Postfixadmin 配置。

将/var/www/html/postfixadmin/config.inc.php 中的$CONF['configured']选项修改如下：

```
$CONF['configured'] = true;
```

（3）创建 Postfix 数据库。

```
create database postfix charset = utf8;
grant all on *.* to postfix@'localhost' identified by "postfixadmin";
flush privileges;
```

（4）创建 Postfixadmin 管理员。

访问 Postfixadmin 网页 http://113.209.20.234/postfixadmin/setup.php，如图 1-14 所示。

图 1-14　访问 Postfixadmin 网页

修改 config.inc.php 配置文件，添加密码，代码如下，如图 1-15 所示。

```
$CONF['setup_password'] = 'c11c1f22771ecc03d4507f366aeead44:3300e64c1a1e1
1a446ca2e964dadd4468ec163d3';
```

Create superadmin account

Setup password　•••••••　Lost password?

Admin:　wgkgood@163.com　Email address

Password:　•••••••

Password (again):　•••••••

Add Admin

（a）

图 1-15　Postfixadmin 界面

postfix.admin

Mail admins login here to administer your domain.

Login (email): wgkgood@163.com

Password: •••••••

Language: 中文 - Chinese simplified (gb2312)

Login

（b）

Everything seems fine... attempting to create/update database structure
Database is up to date

新增管理员成功! (jfedu1@jingfengjiaoyu.com)
You are done with your basic setup.
You can now login to PostfixAdmin using the account you just created.

Create superadmin account

Setup password　Lost password?

管理员:　邮件地址

密码:

（c）

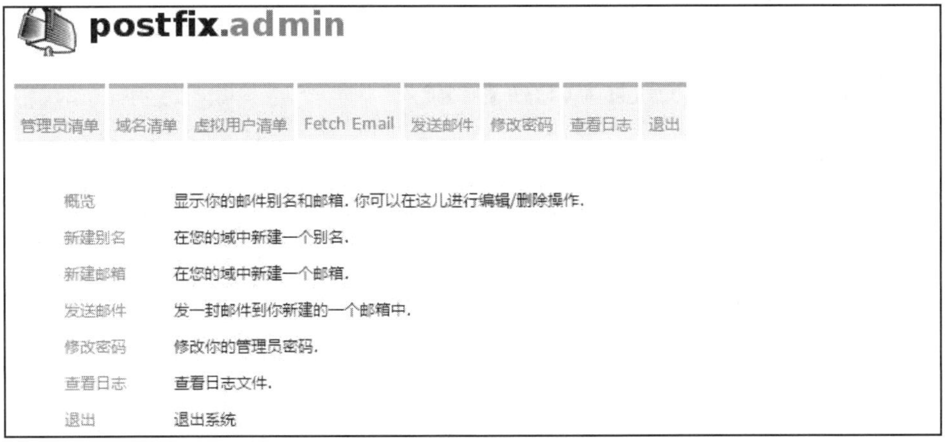

postfix.admin

管理员清单　域名清单　虚拟用户清单　Fetch Email　发送邮件　修改密码　查看日志　退出

概览　显示你的邮件别名和邮箱. 你可以在这儿进行编辑/删除操作.

新建别名　在您的域中新建一个别名.

新建邮箱　在您的域中新建一个邮箱.

发送邮件　发一封邮件到你新建的一个邮箱中.

修改密码　修改你的管理员密码.

查看日志　查看日志文件.

退出　退出系统

（d）

图 1-15　（续）

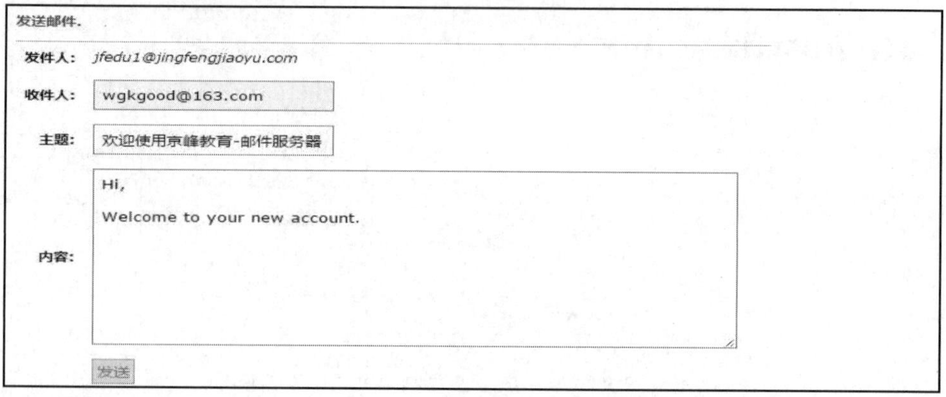

（e）

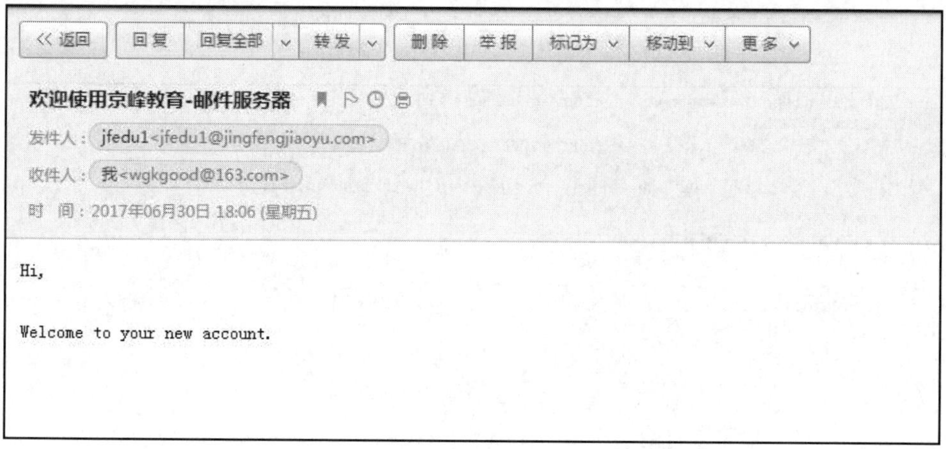

（f）

图 1-15 （续）

1.12 Roundcube GUI Web 配置

（1）Roundcube WebMail 安装配置如下：

```
wget
https://jaist.dl.sourceforge.net/project/roundcubemail/roundcubemail/1.1.4/
roundcubemail-1.1.4-complete.tar.gz
tar  -xzf  roundcubemail-1.1.4-complete.tar.gz
mv  roundcubemail-1.1.4  /var/www/html/webmail/
yum install php56w-dom epel-release libmcrypt* php56w-intl php56w-mbstring
php56w-ldap php56w-mcrypt -y
sed  -i  's#;date.timezone =#date.timezone = PRC#g' /etc/php.ini
/etc/init.d/httpd restart
```

（2）配置 WebMail，访问 URL 地址 http://113.209.20.234/webmail/installer/index.php，如图 1-16 所示。

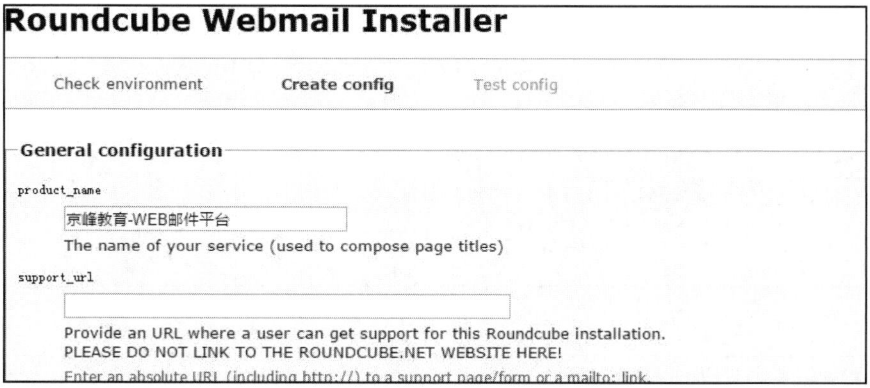

Roundcube Webmail Installer

Check environment　Create config　Test config

General configuration

product_name

京峰教育-WEB邮件平台

The name of your service (used to compose page titles)

support_url

Provide an URL where a user can get support for this Roundcube installation.
PLEASE DO NOT LINK TO THE ROUNDCUBE.NET WEBSITE HERE!
Enter an absolute URL (including http://) to a support page/form or a mailto: link.

（a）

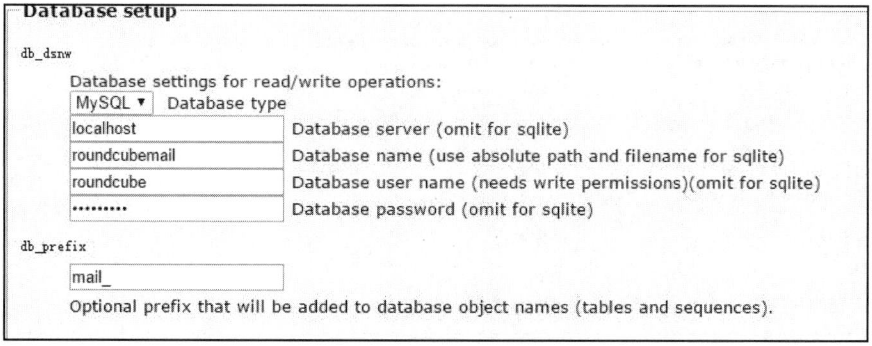

Database setup

db_dsnw

Database settings for read/write operations:

MySQL ▾　Database type
localhost　Database server (omit for sqlite)
roundcubemail　Database name (use absolute path and filename for sqlite)
roundcube　Database user name (needs write permissions)(omit for sqlite)
•••••••••　Database password (omit for sqlite)

db_prefix

mail_

Optional prefix that will be added to database object names (tables and sequences).

（b）

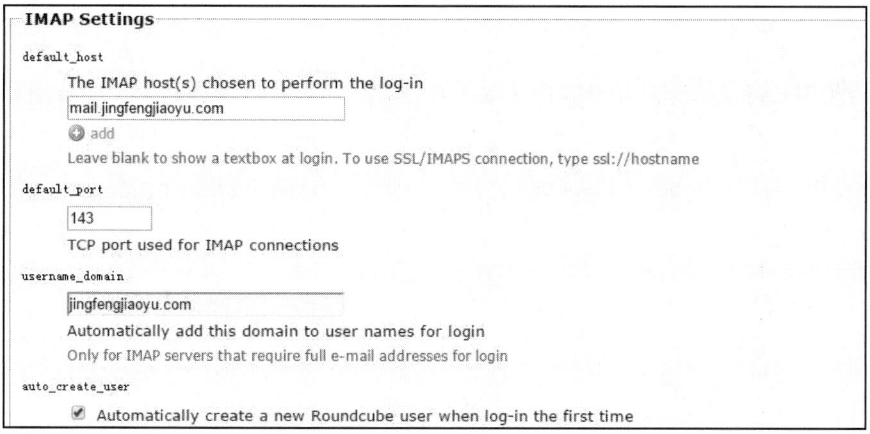

IMAP Settings

default_host

The IMAP host(s) chosen to perform the log-in
mail.jingfengjiaoyu.com
add
Leave blank to show a textbox at login. To use SSL/IMAPS connection, type ssl://hostname

default_port

143
TCP port used for IMAP connections

username_domain

jingfengjiaoyu.com
Automatically add this domain to user names for login
Only for IMAP servers that require full e-mail addresses for login

auto_create_user

Automatically create a new Roundcube user when log-in the first time

（c）

图 1-16　Roundcube 界面

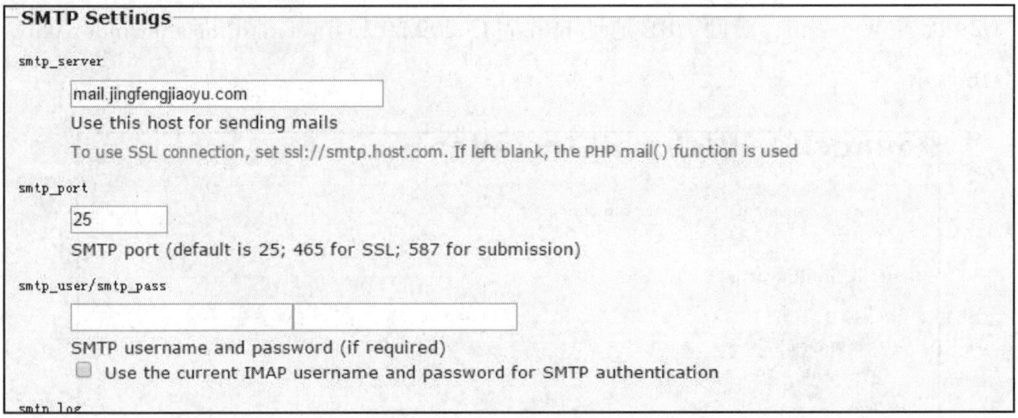

SMTP Settings

smtp_server

mail.jingfengjiaoyu.com

Use this host for sending mails

To use SSL connection, set ssl://smtp.host.com. If left blank, the PHP mail() function is used

smtp_port

25

SMTP port (default is 25; 465 for SSL; 587 for submission)

smtp_user/smtp_pass

SMTP username and password (if required)

Use the current IMAP username and password for SMTP authentication

smtp_log

(d)

Display settings & user prefs

language *

zh_CN

The default locale setting. This also defines the language of the login screen.
Leave it empty to auto-detect the user agent language.

Enter a RFC1766 formatted language name. Examples: en_US, de_DE, de_CH, fr_FR, pt_BR

skin *

larry

Name of interface skin (folder in /skins)

mail_pagesize *

50

Show up to X items in the mail messages list view.

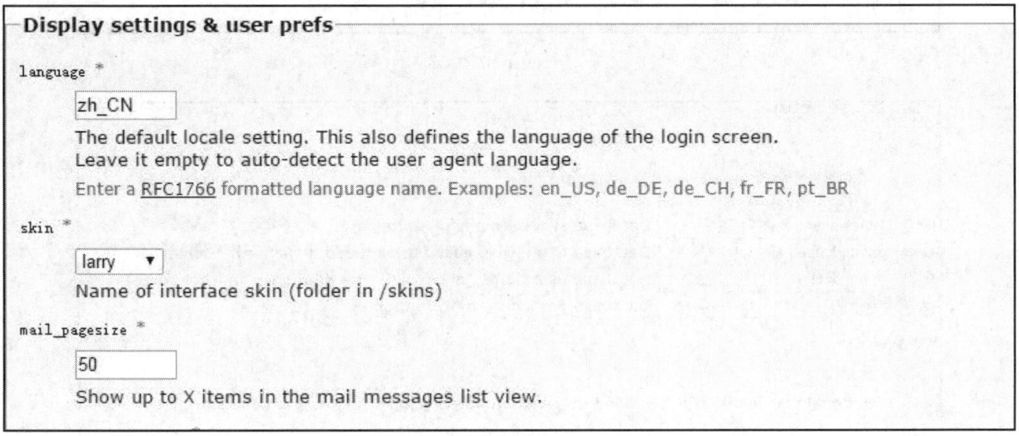

(e)

图 1-16 （续）

（3）创建 WebMail 数据库信息，命令如下：

```
create database roundcubemail charset = utf8;
grant all on *.* to roundcube@'localhost' identified by "roundcube";
flush privileges;
chmod 777 -R temp/ logs/
```

（4）登录 Web 控制台 http://113.209.20.234/webmail，输入 jfedu1 用户名和密码登录失败，如图 1-17 所示。

（5）查看 Dovecot 后台日志，可以看到如下错误：

```
Jun 30 18:34:58 imap-login: Info: Disconnected (auth failed, 1 attempts):
user = <jfedu1@jingfengjiaoyu.com>, method = PLAIN, rip = 113.209.20.234,
```

```
lip = 192.168.0.3
Jun 30 18:35:17 imap-login: Info: Disconnected (auth failed, 1 attempts):
user = <jfedu2@jingfengjiaoyu.com>, method = PLAIN, rip = 113.209.20.234,
lip = 192.168.0.3
```

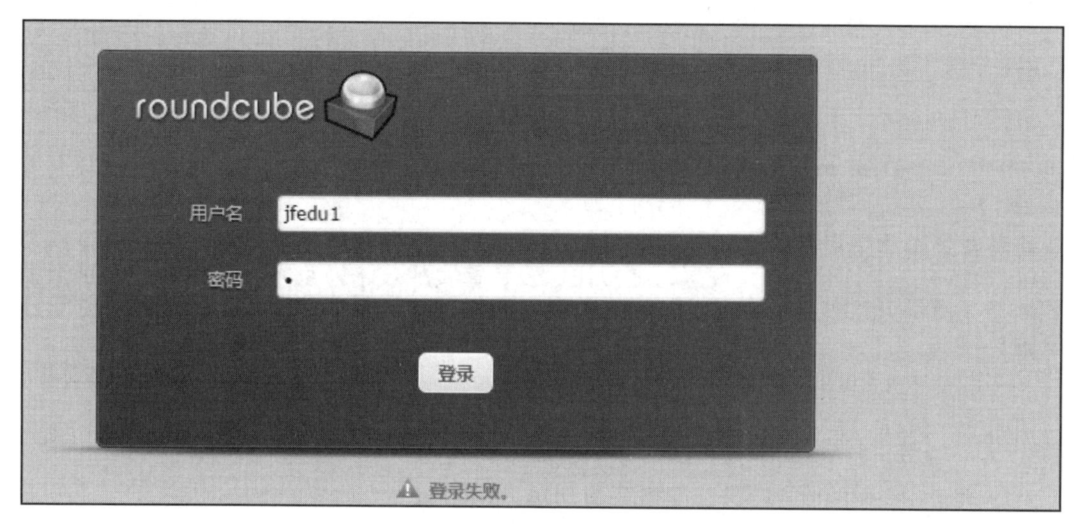

图 1-17　Roundcube 登录失败

在/etc/dovecot/dovecot.conf 文件中添加如下代码，再次登录，如图 1-18 所示。

```
#表示去掉用户后面其他信息,保留用户名称,例如 jfedu1
auth_username_format = %n
```

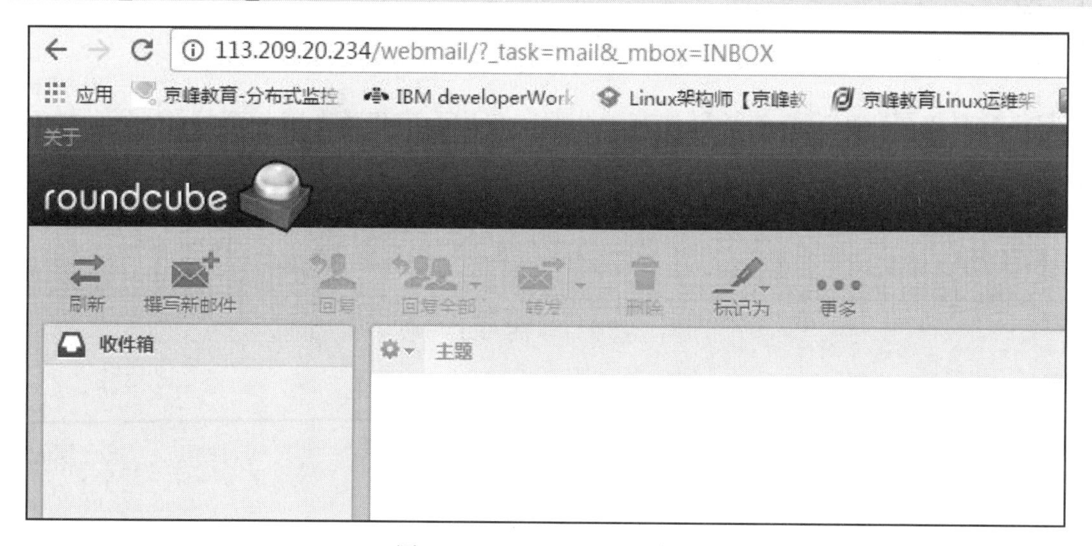

图 1-18　Roundcube 登录成功

（6）创建测试邮件，如图 1-19 所示。

图 1-19　Roundcube 发送邮件

（7）登录 163 邮箱收取邮件，如图 1-20 所示。

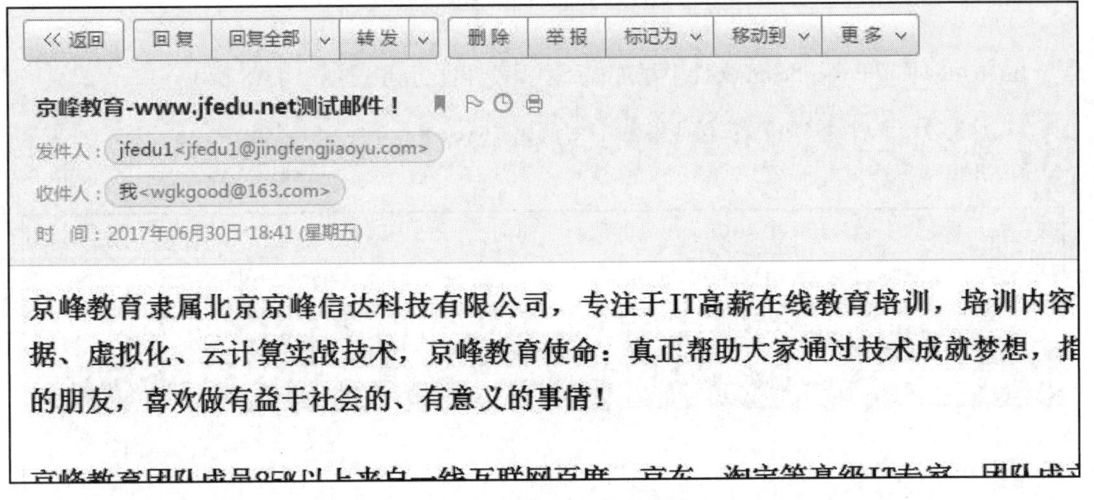

图 1-20　Roundcube 邮件接收

（8）设置 Roundcube WebMail 界面风格，如图 1-21 所示。

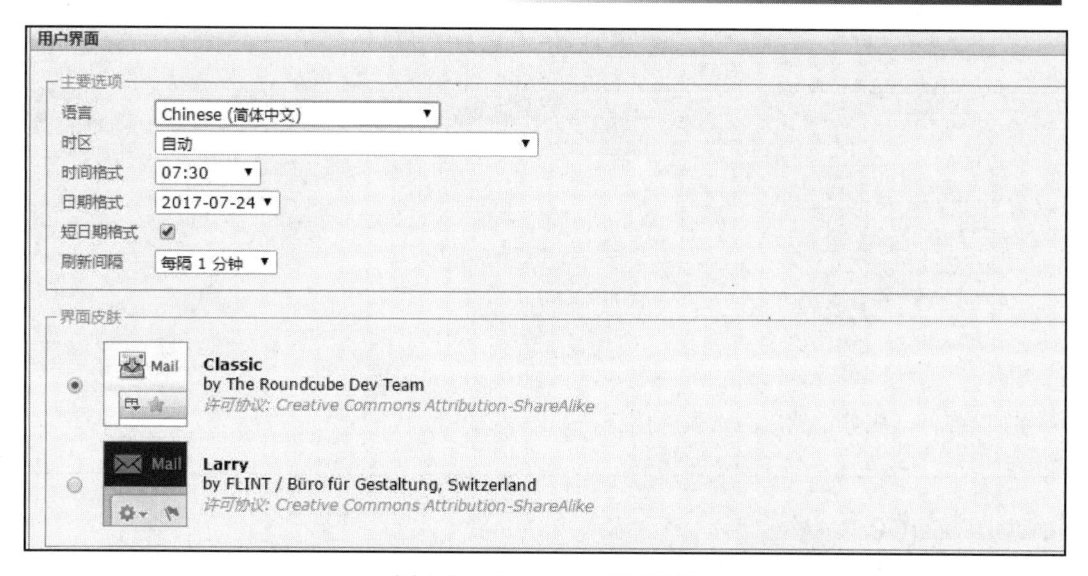

图 1-21　Roundcube 界面设置

（9）WebMail 添加通讯录，如图 1-22 所示。

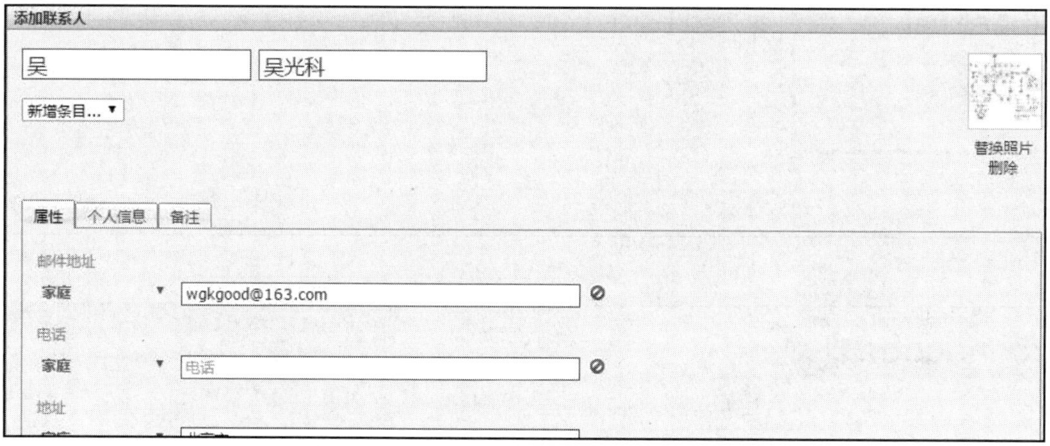

图 1-22　Roundcube 通讯录设置

（10）创建垃圾邮件及已删除邮件夹。

通过 Roundcube 删除邮件，默认会报错，报错信息如下：

```
UID COPY: Mailbox doesn't exist: Trash
```

基于 Dovecot 自动创建垃圾邮件及已删除邮件夹，代码如下：

```
vim  /etc/dovecot/conf.d/20-imap.conf
mail_plugins = $mail_plugins autocreate
```

```
plugin {
  autocreate = Trash
  autocreate2 = Junk
  autocreate3 = Drafts
  autocreate4 = Sent
  autosubscribe = Trash
  autosubscribe2 = Junk
  autosubscribe3 = Drafts
  autosubscribe4 = Sent
}
```

重启 Dovecot 服务，然后测试删除信息，如图 1-23 所示。

（a）

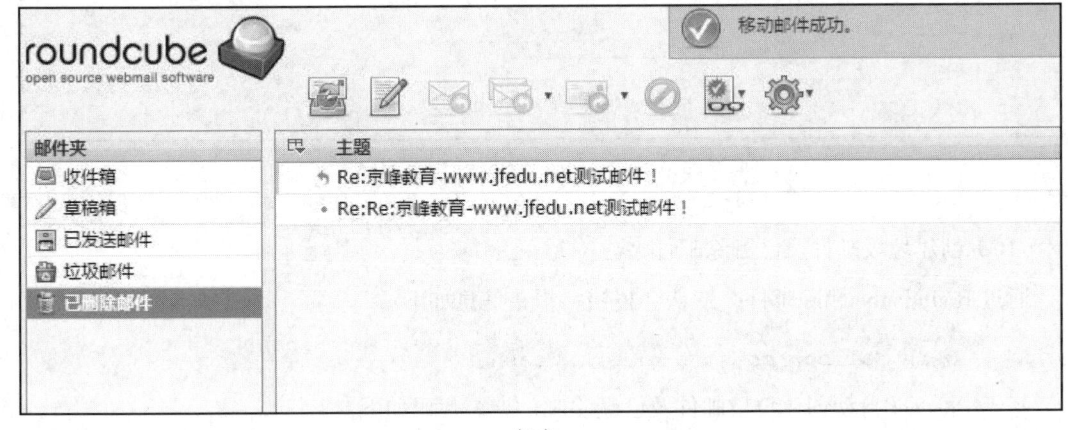

（b）

图 1-23　Roundcube 邮件移动

（11）删除 Roundcube 安装信息并设置禁止安装，代码如下，如图 1-24 所示。

```
rm -rf /var/www/html/webmail/installer/
#vim /var/www/html/webmail/config/config.inc.php 添加如下代码
$config['enable_installer'] = false;
#vim /etc/httpd/conf/httpd.conf 加入如下代码
<Directory "/var/www/html/webmail/installer/">
    Options Indexes FollowSymLinks
    AllowOverride None
    Order allow,deny
    Deny  from  all
</Directory>
```

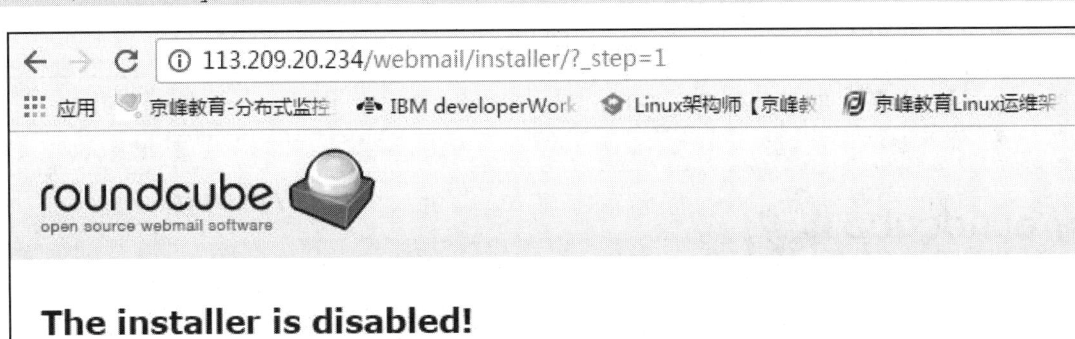

图 1-24 Roundcube 禁止重新安装

（12）实现域名访问邮件服务器。

Apache 配置文件 httpd.conf 末尾加入如下代码，重启 Apache，访问 WebMail，如图 1-25 所示。

```
<IfModule alias_module>
   Alias  /  /var/www/html/webmail/
</IfModule>
```

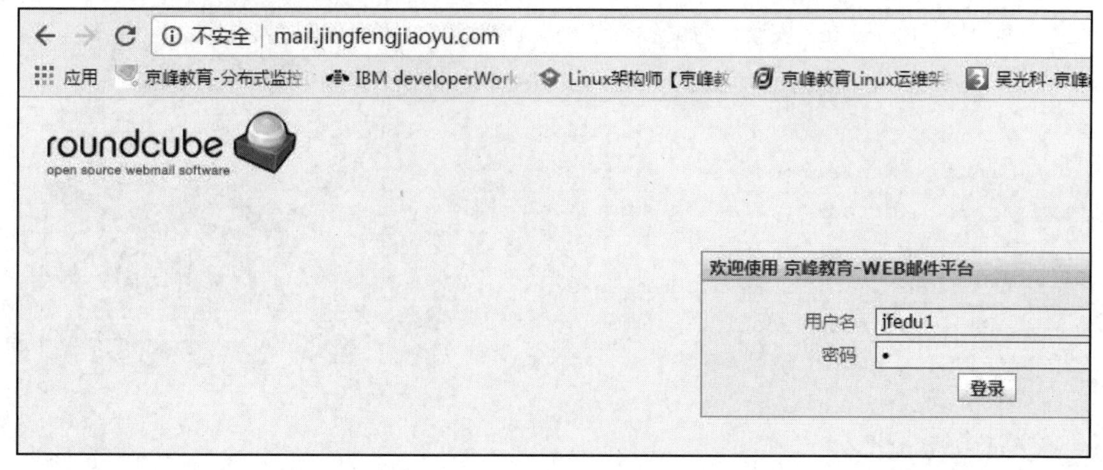

（a）

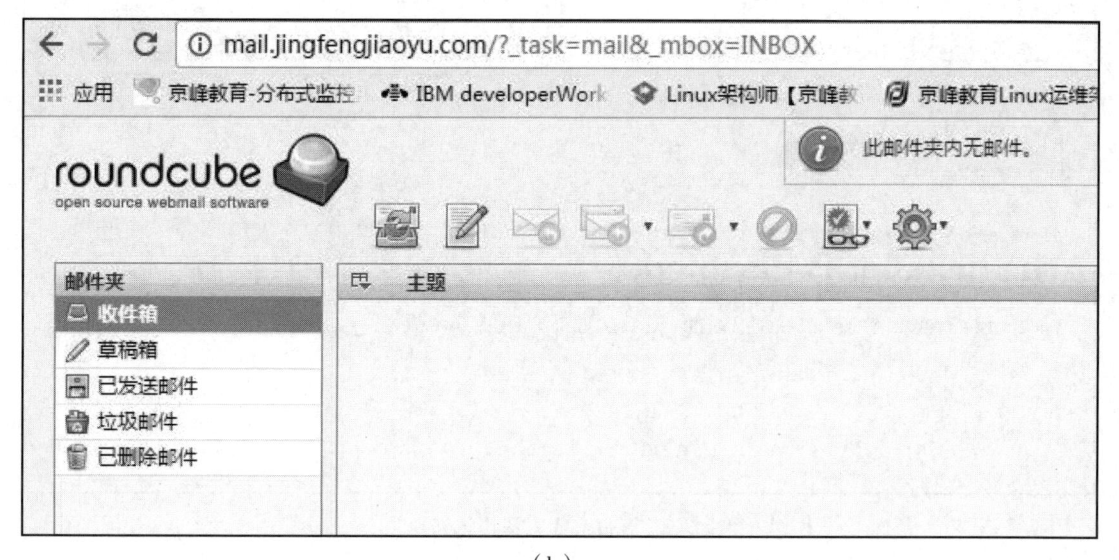

（b）

图 1-25 Roundcube 域名访问

1.13 Postfix 虚拟用户配置

通过以上配置，用户可以登录 Postfix 邮件服务器，并进行邮件的发送和接收。为了管理的方便和系统安全，一般通过 Postfix 虚拟用户管理邮件用户。

Postfix 虚拟用户的原理：基于系统创建一个映射用户，该用户不能登录系统，然后将其他虚拟用户全部映射到该系统用户所属目录。

对于操作系统来说，所有的操作均是通过该系统用户进行的，但是对于 Postfix 的邮件用户来说又是各自独立的。Postfix 虚拟用户与 Vsftpd 虚拟用户相似，所有的虚拟用户或者系统用户均可以通过 Postfixadmin 进行管理。

（1）配置 Postfix SMTP 认证基于 MySQL 数据库，读取 MySQL 虚拟用户配置，修改 Postfix 真实用户的 UID 和 GID，命令如下：

```
usermod  -u 1000 postfix
groupmod -g 1000 postfix
chown  -R  postfix.postfix /var/spool/mail/
```

（2）创建 Postfix 主配置文件 mail.cf，内容如下：

```
queue_directory = /var/spool/postfix
command_directory = /usr/sbin
daemon_directory = /usr/libexec/postfix
data_directory = /var/lib/postfix
mail_owner = postfix
myhostname = mail.jingfengjiaoyu.com
mydomain = jingfengjiaoyu.com
myorigin = $mydomain
inet_interfaces = all
inet_protocols = ipv4
#mydestination = localhost
#mydestination = $myhostname,localhost.$mydomain,localhost,$mydomain
unknown_local_recipient_reject_code = 550
#mynetworks = 192.168.0.0/24,127.0.0.0/8
mynetworks = 0.0.0.0/0
relay_domains = $mydestination
alias_maps = hash:/etc/aliases
alias_database = hash:/etc/aliases
debug_peer_level = 2
debugger_command =
   PATH = /bin:/usr/bin:/usr/local/bin:/usr/X11R6/bin
   ddd $daemon_directory/$process_name $process_id & sleep 5
sendmail_path = /usr/sbin/sendmail.postfix
newaliases_path = /usr/bin/newaliases.postfix
mailq_path = /usr/bin/mailq.postfix
setgid_group = postdrop
html_directory = no
manpage_directory = /usr/share/man
sample_directory = /usr/share/doc/postfix-2.6.6/samples
```

```
readme_directory = /usr/share/doc/postfix-2.6.6/README_FILES
#Config Virtual Mailbox Settings 2021
virtual_minimum_uid = 100
virtual_mailbox_base = /var/spool/mail
virtual_mailbox_maps = mysql:/etc/postfix/mysql_virtual_mailbox_maps.cf
virtual_mailbox_domains = mysql:/etc/postfix/mysql_virtual_domains_maps.cf
virtual_alias_domains = $virtual_alias_maps
virtual_alias_maps = mysql:/etc/postfix/mysql_virtual_alias_maps.cf
virtual_uid_maps = static:1000
virtual_gid_maps = static:1000
virtual_transport = virtual
maildrop_destination_recipient_limit = 1
maildrop_destination_concurrency_limit = 1
#Config  QUOTA  2021
message_size_limit = 52428800
mailbox_size_limit = 209715200
virtual_mailbox_limit = 209715200
virtual_create_maildirsize = yes
virtual_mailbox_extended = yes
virtual_mailbox_limit_maps = mysql:/etc/postfix/mysql_virtual_mailbox_
limit_maps.cf
virtual_mailbox_limit_override = yes
virtual_maildir_limit_message = Sorry, the user's maildir has overdrawn his
diskspace quota, please try again later.
virtual_overquota_bounce = yes
#Config SASL 2021
broken_sasl_auth_clients = yes
smtpd_recipient_restrictions = permit_mynetworks,permit_sasl_authenticated,
reject_invalid_hostname,reject_non_fqdn_hostname,reject_unknown_sender_
domain,reject_non_fqdn_sender,reject_non_fqdn_recipient,reject_unknown_
recipient_domain,reject_unauth_pipelining,reject_unauth_destination,permit
smtpd_sasl_auth_enable = yes
smtpd_sasl_type = dovecot
smtpd_sasl_path = /var/run/dovecot/auth-client
smtpd_sasl_local_domain = $myhostname
smtpd_sasl_security_options = noanonymous
smtpd_sasl_application_name = smtpd
smtpd_banner=$myhostname SMTP "Version not Available"
```

（3）创建 Postfix 读取 MySQL 配置信息如下：

```
cat>/etc/postfix/mysql_virtual_alias_maps.cf<<EOF
user = postfix
```

```
password = postfix
hosts = localhost
dbname = postfix
table = alias
select_field = goto
where_field = address
EOF
cat>/etc/postfix/mysql_virtual_domains_maps.cf<<EOF
user = postfix
password = postfix
hosts = localhost
dbname = postfix
table = domain
select_field = description
where_field = domain
EOF
cat>/etc/postfix/mysql_virtual_mailbox_limit_maps.cf<<EOF
user = postfix
password = postfix
hosts = localhost
dbname = postfix
table = mailbox
select_field = quota
where_field = username
EOF
cat>/etc/postfix/mysql_virtual_mailbox_maps.cf<<EOF
user = postfix
password = postfix
hosts = localhost
dbname = postfix
table = mailbox
select_field = maildir
where_field = username
EOF
```

相关配置文件内容如下。

① mysql_virtual_mailbox_maps.cf：服务器邮箱文件的存储路径。

② mysql_virtual_domains_maps.cf：邮件服务器上所有的虚拟域。

③ mysql_virtual_alias_maps.cf：邮件服务器上虚拟别名和实际邮件地址间的对应关系。

④ mysql_virtual_mailbox_limit_maps.cf：服务器上邮箱的一些限制参数。

以上配置文件可以供 Postfix 读取数据库表。默认基于 hash:/etc/aliases 查询表，哈希文件的路径是/etc/aliases。Postfix 在需要的时候读取这些配置信息，然后根据这些配置信息的指示，到另外的文件或者数据库中读取实际的数据。

（4）创建数据库并授权。

```
create database postfix charset = utf8;
grant all privileges on postfix.* to postfix@'localhost' identified by
"postfix";
flush privileges;
```

（5）修改 Postfixadmin 配置文件数据库连接信息，如图 1-26 所示。

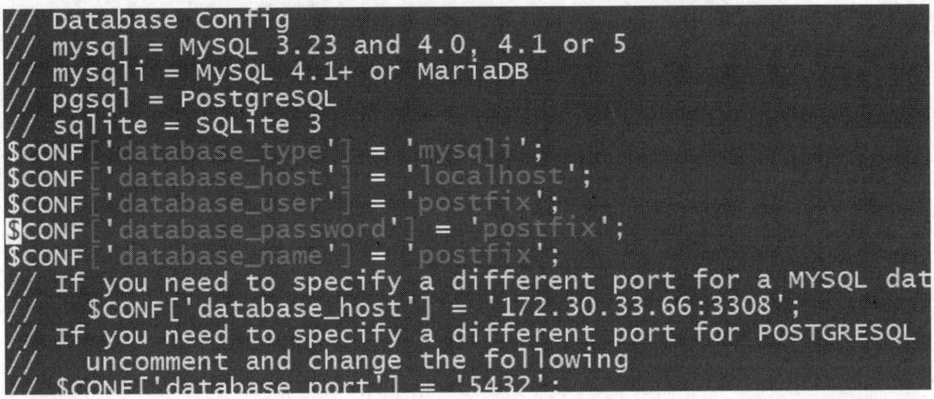

```
// Database Config
// mysql = MySQL 3.23 and 4.0, 4.1 or 5
// mysqli = MySQL 4.1+ or MariaDB
// pgsql = PostgreSQL
// sqlite = SQLite 3
$CONF['database_type'] = 'mysqli';
$CONF['database_host'] = 'localhost';
$CONF['database_user'] = 'postfix';
$CONF['database_password'] = 'postfix';
$CONF['database_name'] = 'postfix';
// If you need to specify a different port for a MYSQL dat
//    $CONF['database_host'] = '172.30.33.66:3308';
// If you need to specify a different port for POSTGRESQL
//    uncomment and change the following
// $CONF['database_port'] = '5432';
```

图 1-26　Postfixadmin 连接数据库

（6）通过 Postfixamin 创建 4 个虚拟用户，如图 1-27 所示。

Download this list as CSV file

:: 邮箱

	邮件地址	转到	姓名	最后修改日期	活动	
▌	jfedu001@jingfengjiaoyu.com	Mailbox		2017-07-01 08:28:35	是	别名
▌	jfedu002@jingfengjiaoyu.com	Mailbox		2017-07-01 08:28:45	是	别名
▌	jfedu003@jingfengjiaoyu.com	Mailbox		2017-07-01 08:39:48	是	别名
▌	jfedu004@jingfengjiaoyu.com	Mailbox		2017-07-01 09:01:16	是	别名

新建邮箱

Download this list as CSV file

▌=maybe UNDELIVERABLE ▌=POP/IMAP ▌=Delivers to subdomain.domain.ext ▌=Delivers to domain2.ext

图 1-27　Postfixadmin 创建虚拟用户

（7）配置 Dovecot 服务，修改 dovecot.conf 配置文件代码如下：

```
#/etc/dovecot/dovecot.conf
#CentOS: Linux 2.6.32
#2021年7月1日 09:53:30
auth_mechanisms = PLAIN LOGIN
#auth_mechanisms = PLAIN LOGIN CRAM-MD5 DIGEST-MD5
disable_plaintext_auth = no
first_valid_uid = 1000
listen = *
mail_location = maildir:/var/spool/mail/%d/%n
managesieve_notify_capability = mailto
managesieve_sieve_capability = fileinto reject envelope encoded-character
vacation subaddress comparator-i;ascii-numeric relational regex imap4flags
copy include variables body enotify environment mailbox date
passdb {
  args = /etc/dovecot/mysql.conf
  driver = sql
}
protocols = imap pop3
service auth {
  unix_listener auth-client {
    group = postfix
    mode = 0660
    user = postfix
  }
}
ssl = no
userdb {
  args = /etc/dovecot/mysql.conf
  driver = sql
}
```

（8）创建 Dovecot 连接 MySQL 认证，配置文件/etc/dovecot/mysql.conf，代码如下：

```
driver = mysql
connect = host = /var/lib/mysql/mysql.sock dbname = postfix user = postfix
password = postfix
default_pass_scheme = MD5
password_query = SELECT password FROM mailbox WHERE username = '%u'
user_query = SELECT maildir, 1000 AS uid, 1000 AS gid FROM mailbox WHERE
username = '%u'
```

（9）使用虚拟用户登录 Roundcube，如图 1-28 所示。

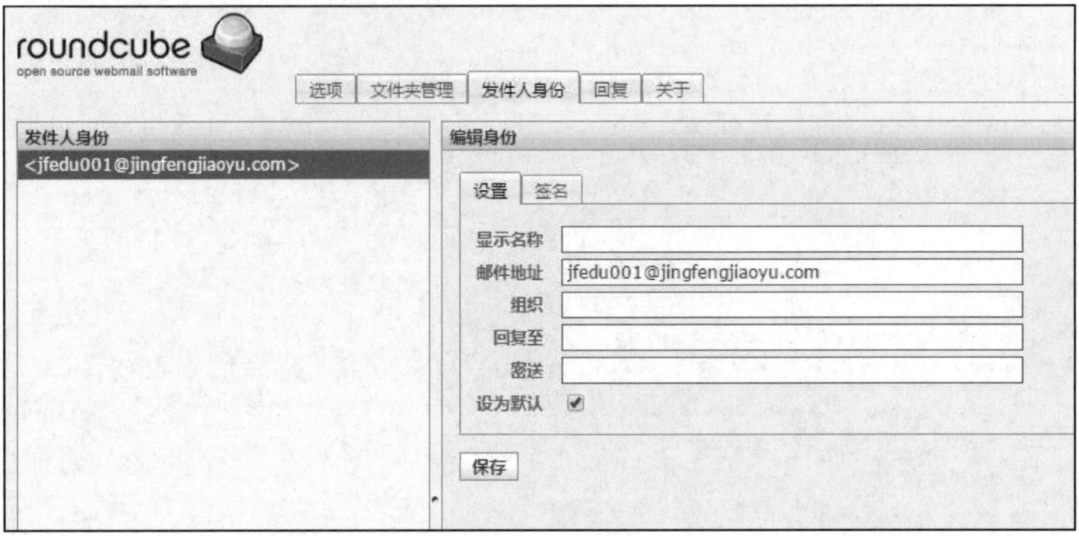

图 1-28　虚拟用户登录 Roundcube

1.14　Postfix+ExtMail 配置实战

通过上面的部署，已经建成了一个基本的邮件服务器系统，它能够发送、接收邮件，能够对用户进行身份验证等工作。用户可以使用 Outlook、Foxmail、Roundcube 等工具发送和接收邮件。

Roundcube WebMail 页面功能相对比较少，可以使用 ExtMail 实现 Web 端邮件收取和发送。

ExtMail 是一个以 Perl 语言编写、面向大容量/ISP 级应用、免费的高性能 WebMail 软件。ExtMail 套件用于提供从浏览器中登录、使用邮件系统的 Web 操作界面，它以 GPL 版权释出，设计初衷是设计一个适应当前高速发展的 IT 应用环境，满足用户多变的需求，能快速进行开发、改进和升级，适应能力强的 WebMail 系统。

对于国内的电子邮件系统来说，无论是从系统功能、易用性还是中文化等方面，ExtMail 平台都是一个相当不错的选择。ExtMail 套件可以提供给普通邮件用户使用，而 ExtMan 套件可以提供给邮件系统的管理员使用。

ExtMail 配置方法如下。

（1）官网下载 extmail-1.2.tar.gz，解压安装。

```
tar  -zxf  extmail-1.2.tar.gz
mkdir  -p /var/www/extsuite
mv  extmail-1.2 /var/www/extsuite/extmail
cd  /var/www/extsuite/extmail/
cp webmail.cf.default   webmail.cf
yum install perl-devel perl perl-Unix-Syslog -y
```

（2）修改 webmail.cf 主配置文件。在命令行窗口打开文件 var/www/extsuite/extmail/webmail.cf，配置代码如下：

```
SYS_CONFIG = /var/www/extsuite/extmail/
SYS_LANGDIR = /var/www/extsuite/extmail/lang
SYS_TEMPLDIR = /var/www/extsuite/extmail/html
SYS_HTTP_CACHE = 0
SYS_SMTP_HOST = mail.jingfengjiaoyu.com
SYS_SMTP_PORT = 25
SYS_SMTP_TIMEOUT = 5
SYS_SPAM_REPORT_ON = 0
SYS_SPAM_REPORT_TYPE = dspam
SYS_SHOW_WARN = 0
SYS_IP_SECURITY_ON = 1
SYS_PERMIT_NOQUOTA = 1
SYS_SESS_DIR = /tmp
SYS_UPLOAD_TMPDIR = /tmp
SYS_LOG_ON = 1
SYS_LOG_TYPE = syslog
SYS_LOG_FILE = /var/log/extmail.log
SYS_SESS_TIMEOUT = 0
SYS_SESS_COOKIE_ONLY = 1
SYS_USER_PSIZE = 10
SYS_USER_SCREEN = auto
SYS_USER_LANG = en_US
SYS_APP_TYPE = Webmail
SYS_USER_TEMPLATE = default
SYS_USER_CHARSET = utf-8
SYS_USER_TRYLOCAL = 1
SYS_USER_TIMEZONE = +0800
SYS_USER_CCSENT = 1
SYS_USER_SHOW_HTML = 1
SYS_USER_COMPOSE_HTML = 1
SYS_USER_CONV_LINK =1
SYS_USER_ADDR2ABOOK = 1
```

```
SYS_MESSAGE_SIZE_LIMIT = 5242880
SYS_MIN_PASS_LEN = 2
SYS_MFILTER_ON = 1
SYS_NETDISK_ON = 1
SYS_SHOW_SIGNUP = 1
SYS_DEBUG_ON = 1
SYS_AUTH_TYPE = mysql
SYS_MAILDIR_BASE = /var/spool/mail/
SYS_AUTH_SCHEMA = virtual
SYS_CRYPT_TYPE = md5crypt
SYS_MYSQL_USER = postfix
SYS_MYSQL_PASS = postfix
SYS_MYSQL_DB = postfix
SYS_MYSQL_HOST = localhost
SYS_MYSQL_SOCKET = /var/lib/mysql/mysql.sock
SYS_MYSQL_TABLE = mailbox
SYS_MYSQL_ATTR_USERNAME = username
SYS_MYSQL_ATTR_DOMAIN = domain
SYS_MYSQL_ATTR_PASSWD = password
SYS_MYSQL_ATTR_CLEARPW = clearpwd
SYS_MYSQL_ATTR_QUOTA = quota
SYS_MYSQL_ATTR_NDQUOTA = netdiskquota
SYS_MYSQL_ATTR_HOME = homedir
SYS_MYSQL_ATTR_MAILDIR = maildir
SYS_MYSQL_ATTR_DISABLEWEBMAIL = disablewebmail
SYS_MYSQL_ATTR_DISABLENETDISK = disablenetdisk
SYS_MYSQL_ATTR_DISABLEPWDCHANGE = disablepwdchange
SYS_MYSQL_ATTR_ACTIVE = active
SYS_MYSQL_ATTR_PWD_QUESTION = question
SYS_MYSQL_ATTR_PWD_ANSWER = answer
SYS_LDAP_BASE = o = extmailAccount,dc = example.com
SYS_LDAP_RDN = cn = Manager,dc = example.com
SYS_LDAP_PASS = secret
SYS_LDAP_HOST = localhost
SYS_LDAP_ATTR_USERNAME = mail
SYS_LDAP_ATTR_DOMAIN = virtualDomain
SYS_LDAP_ATTR_PASSWD = userPassword
SYS_LDAP_ATTR_CLEARPW = clearPassword
SYS_LDAP_ATTR_QUOTA = mailQuota
SYS_LDAP_ATTR_NDQUOTA = netdiskQuota
SYS_LDAP_ATTR_HOME = homeDirectory
SYS_LDAP_ATTR_MAILDIR = mailMessageStore
```

```
SYS_LDAP_ATTR_DISABLEWEBMAIL = disablewebmail
SYS_LDAP_ATTR_DISABLENETDISK = disablenetdisk
SYS_LDAP_ATTR_DISABLEPWDCHANGE = disablePasswdChange
SYS_LDAP_ATTR_ACTIVE = active
SYS_LDAP_ATTR_PWD_QUESTION = question
SYS_LDAP_ATTR_PWD_ANSWER = answer
SYS_AUTHLIB_SOCKET = /var/spool/authdaemon/socket
SYS_G_ABOOK_TYPE = file
SYS_G_ABOOK_LDAP_HOST = localhost
SYS_G_ABOOK_LDAP_BASE = ou = AddressBook,dc = example.com
SYS_G_ABOOK_LDAP_ROOTDN = cn = Manager,dc = example.com
SYS_G_ABOOK_LDAP_ROOTPW = secret
SYS_G_ABOOK_LDAP_FILTER = objectClass = OfficePerson
SYS_G_ABOOK_FILE_PATH = /var/www/extsuite/extmail/globabook.cf
SYS_G_ABOOK_FILE_LOCK = 1
SYS_G_ABOOK_FILE_CONVERT = 0
SYS_G_ABOOK_FILE_CHARSET = utf-8
```

常用配置文件参数详解如下：

```
SYS_MESSAGE_SIZE_LIMIT = 5242880
#用户可以发送的最大邮件
SYS_USER_LANG = en_US
#语言选项,可改作
SYS_USER_LANG = zh_CN
SYS_MAILDIR_BASE = /home/domains
#此处即为前文所设置的用户邮件的存放目录,可改作
SYS_MAILDIR_BASE = /var/spool/mail/
SYS_MYSQL_USER = postfix
SYS_MYSQL_PASS = db_pass
#以上语句用来设置连接数据库服务器所使用用户名、密码和邮件服务器用到的数据库,这里修改为
SYS_MYSQL_USER = postfix
SYS_MYSQL_PASS = postfix
SYS_MYSQL_HOST = localhost
#指明数据库服务器主机名,这里默认即可
SYS_MYSQL_TABLE = mailbox
SYS_MYSQL_ATTR_USERNAME = username
SYS_MYSQL_ATTR_DOMAIN = domain
SYS_MYSQL_ATTR_PASSWD = password
#以上语句用来指定验证用户登录里所用到的表,以及用户名、域名和用户密码对应的表中列的名称。
#这里默认即可
```

Apache 配置文件 httpd.conf 设置方式一：

```
User postfix
Group postfix
<VirtualHost *:80>
ServerName     mail.jingfengjiaoyu.com
DocumentRoot    /var/www/extsuite/extmail/html/
ScriptAlias      /extmail/cgi /var/www/extsuite/extmail/cgi
Alias          /extmail /var/www/extsuite/extmail/html
</VirtualHost>
```

Apache 配置文件 httpd.conf 设置方式二：由于 ExtMail 要进行本地邮件的投递操作，须将运行 Apache 服务器用户的身份修改为邮件投递代理的用户，本案例为 Postfix；开启 Apache 服务器的 suexec 功能，使用如下方法实现虚拟主机运行身份的指定。

```
<VirtualHost *:80>
ServerName  mail.jingfengjiaoyu.com
DocumentRoot /var/www/extsuite/extmail/html/
ScriptAlias   /extmail/cgi  /var/www/extsuite/extmail/cgi
Alias      /extmail   /var/www/extsuite/extmail/html
SuexecUserGroup postfix postfix
</VirtualHost>
```

浏览器访问 ExtMail，如图 1-29 所示。

（a）

图 1-29　ExtMail 访问界面

（b）

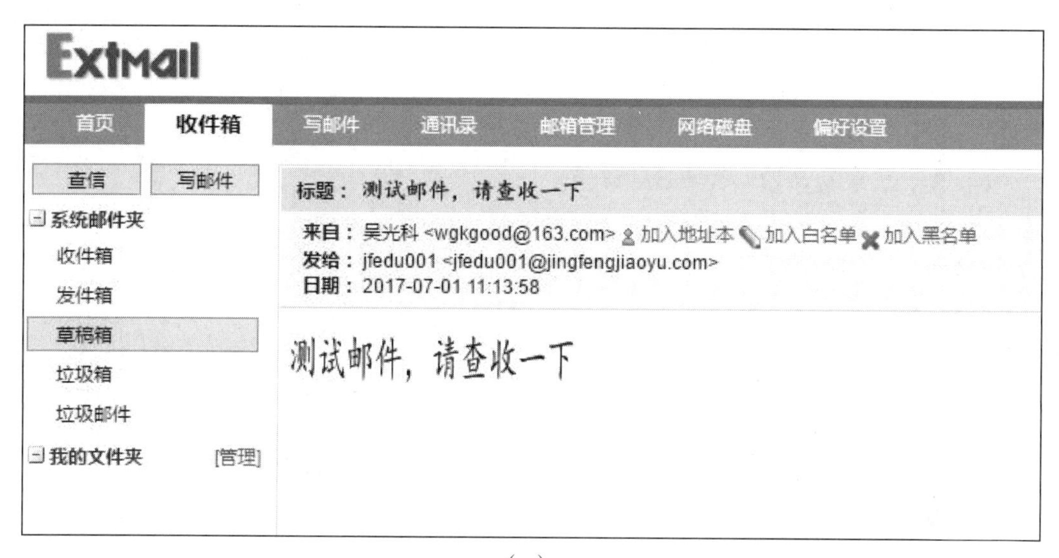

（c）

图 1-29　（续）

1.15　Postfix+ExtMan 配置实战

ExtMail WebMail 推出之后，缺少一个与之配套的邮件虚拟域和账号管理的后台。虽然目前已经有不少类似的软件，其中也不乏非常优秀的产品，例如 Postfixadmin 等，但是没有任何一款可以不经修改即为我所用，再加上编程语言和系统兼容性方面的考虑，ExtMail 项目组推出了 ExtMan 系统。顾名思义，ExtMan 就是 ExtMail Management 的意思。有了它，ExtMail WebMail 的用户可以方便地管理 ExtMail 邮件系统。后来又增加了图形化日志监控等新功能，从而形成了今天的 ExtMan。

ExtMan 是 ExtMail 项目组在 ExtMail WebMail 之后推出的一个用来管理 ExtMail 虚拟账号的管理软件。

ExtMan 使用 Perl 语言编写，目前支持 MySQL 和 OpenLDAP 作为账号信息存储源，新的存储源支持正在开发之中。

它可以使用户通过浏览器轻松地管理 ExtMail 系统中的虚拟域和账号信息，同时还加入了图形化日志监控工具，使邮件的管理更加方便。

```
tar xzf extman-1.1.tar.gz -C /var/www/extsuite/
cd  /var/www/extsuite/
mv  extman-1.1 extman
chown -R postfix.postfix /var/www/extsuite/extman/cgi/
cd  extman/
cp  webman.cf.default  webman.cf
mkdir  -p  /tmp/extman
chown postfix.postfix /tmp/extman
yum  install  perl-rrdtool*  -y
```

创建 ExtMan 所需数据库。

```
cd  /var/www/extsuite/extman/docs
mysql  -uroot -p <extmail.sql
mysql  -uroot -p <init.sql
进入 MySQL 命令行执行:
grant all on extmail.* to webman@'localhost' identified by "webman";
flush  privileges;
```

打开/var/www/extsuite/extman/webmail.cf 文件，配置代码如下：

```
SYS_CONFIG = /var/www/extsuite/extman/
SYS_LANGDIR = /var/www/extsuite/extman/lang
SYS_TEMPLDIR = /var/www/extsuite/extman/html
SYS_MAILDIR_BASE = /var/spool/mail
SYS_SHOW_WARN = 0
SYS_SESS_DIR = /tmp/extman/
SYS_CAPTCHA_ON = 1
SYS_CAPTCHA_KEY = r3s9b6a7
SYS_CAPTCHA_LEN = 6
SYS_PURGE_DATA = 0
SYS_PSIZE = 20
```

```
SYS_APP_TYPE = ExtMan
SYS_TEMPLATE_NAME = default
SYS_DEFAULT_EXPIRE = 1y
SYS_GROUPMAIL_SENDER = postmaster@extmail.org
SYS_DEFAULT_SERVICES = webmail,smtpd,smtp,pop3,netdisk
SYS_ISP_MODE = no
SYS_DOMAIN_HASHDIR = yes
SYS_DOMAIN_HASHDIR_DEPTH = 2x2
SYS_USER_HASHDIR = yes
SYS_USER_HASHDIR_DEPTH = 2x2
SYS_MIN_UID = 500
SYS_MIN_GID = 100
SYS_DEFAULT_UID = 1000
SYS_DEFAULT_GID = 1000
SYS_QUOTA_MULTIPLIER = 1048576
SYS_QUOTA_TYPE = courier
SYS_DEFAULT_MAXQUOTA = 500
SYS_DEFAULT_MAXALIAS = 100
SYS_DEFAULT_MAXUSERS = 100
SYS_DEFAULT_MAXNDQUOTA = 500
SYS_USER_DEFAULT_QUOTA = 5
SYS_USER_DEFAULT_NDQUOTA = 5
SYS_USER_DEFAULT_EXPIRE = 1y
SYS_BACKEND_TYPE = mysql
SYS_CRYPT_TYPE = md5crypt
SYS_MYSQL_USER = webman
SYS_MYSQL_PASS = webman
SYS_MYSQL_DB = extmail
SYS_MYSQL_HOST = localhost
SYS_MYSQL_SOCKET = /var/lib/mysql/mysql.sock
SYS_MYSQL_TABLE = manager
SYS_MYSQL_ATTR_USERNAME = username
SYS_MYSQL_ATTR_PASSWD = password
SYS_LDAP_BASE = dc=extmail.org
SYS_LDAP_RDN = cn=Manager,dc=extmail.org
SYS_LDAP_PASS = secret
SYS_LDAP_HOST = localhost
SYS_LDAP_ATTR_USERNAME = mail
SYS_LDAP_ATTR_PASSWD = userPassword
SYS_RRD_DATADIR = /var/lib
SYS_RRD_TMPDIR = /tmp/viewlog
```

```
SYS_RRD_QUEUE_ON = yes
SYS_CMDSERVER_SOCK = /tmp/cmdserver.sock
SYS_CMDSERVER_MAXCONN = 5
SYS_CMDSERVER_PID = /var/run/cmdserver.pid
SYS_CMDSERVER_LOG = /var/log/cmdserver.log
SYS_CMDSERVER_AUTHCODE = your_auth_code_here
SYS_IGNORE_SERVER_LIST = web
```

修改 httpd.conf 配置文件代码如下：

```
User postfix
Group postfix
<VirtualHost *:80>
ServerName      mail.jingfengjiaoyu.com
DocumentRoot    /var/www/extsuite/extmail/html/
ScriptAlias     /extmail/cgi /var/www/extsuite/extmail/cgi
Alias           /extmail /var/www/extsuite/extmail/html
ScriptAlias     /extman/cgi /var/www/extsuite/extman/cgi
Alias           /extman /var/www/extsuite/extman/html
</VirtualHost>
```

使用默认用户名/密码登录。

ExtMan 后台管理员初始用户名为 root@extmail.org；

ExtMan 后台管理员初始密码为 extmail*123*；

Postmaster 用户初始密码为 extmail。

通过浏览器访问 http://mail.jingfengjiaoyu.com/extman/，如图 1-30 所示。

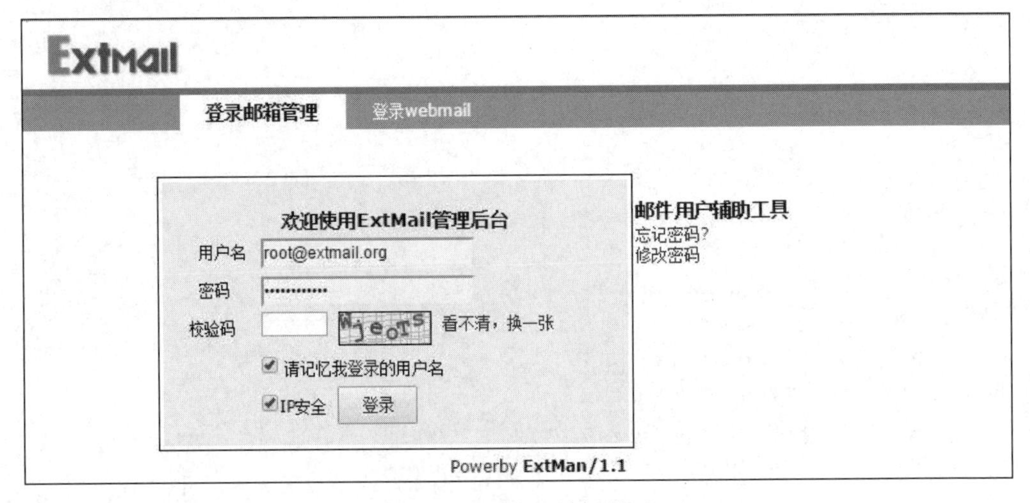

图 1-30 ExtMail 访问界面

1.16　MailGraph_ext 安装配置

安装 MailGraph_ext 之前，必须要安装其所依赖的一些软件包，否则 MailGraph_ext 就不能正常工作，如图 1-31 所示。

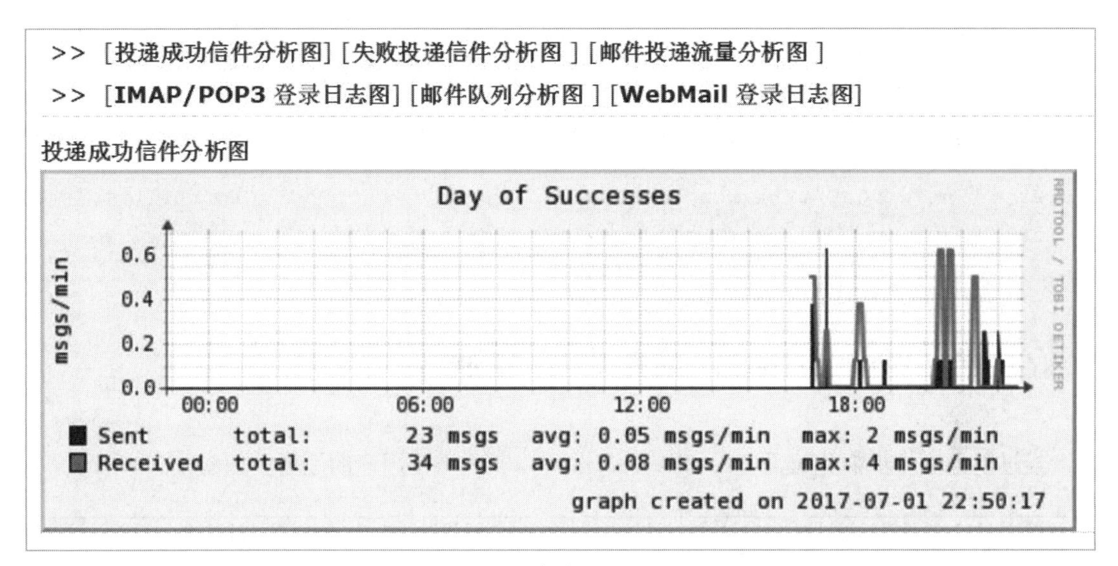

（a）

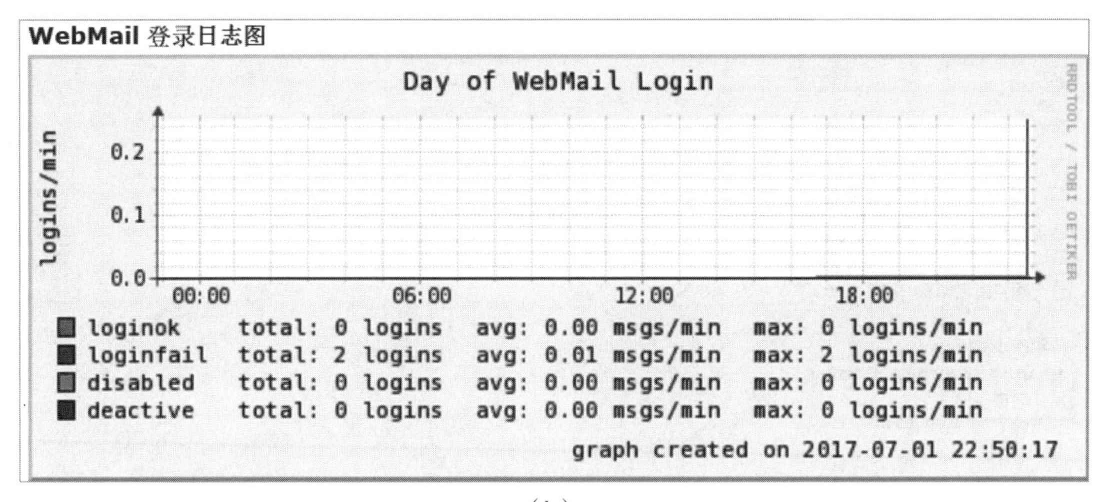

（b）

图 1-31　WebMail 日志界面

（1）rrdtool 及 rrdtool 的 Perl 包，地址如下：

```
http://people.ee.ethz.ch/~oetiker/webtools/rrdtool/
```

（2）启动 ExtMan 服务。

```
cp -r /var/www/extsuite/extman/addon/mailgraph_ext/ /usr/local/mailgraph_
ext/
/usr/local/mailgraph_ext/mailgraph-init start
/var/www/extsuite/extman/daemon/cmdserver --daemon
```

将 MailGraph_ext 及 cmdserver 加入系统自启动。

```
echo "/usr/local/mailgraph_ext/mailgraph-init start" >> /etc/rc.d/rc.local
echo "/var/www/extsuite/extman/daemon/cmdserver -v -d" >> /etc/rc.d/rc.
local
```

1.17 Postfix+ExtMan 虚拟用户注册

经过以上操作步骤和配置，Postfix+ExtMan 可以实现虚拟用户的注册，如图 1-32 所示。

基础设置 模板设置

域	jingfengjiaoyu.com
描述	京峰教育
最大用户	100
最大别名	100
最大限额 (MB)	500
最大网络磁盘限额(MB)	500
传输(Postfix only)	
允许自由注册	☑
	☑激活
过期日期	0000-00-00 快速设置 ▼

（a）

图 1-32　ExtMan 虚拟用户注册

ExtMail

注册新用户

<<返回主页　用户名可用，请仔细填写下面注册表单

用户名	jfedu666@jingfengjiaoyu.com
校验码	看不清，换一张
姓名	
密码	
确认密码	

提交　取消

（b）

图 1-32　（续）

1.18　基于 ExtMan 自动注册并登录

（1）通过 ExtMan 自动注册用户和设置密码之后，发现用户无法登录 ExtMail Web 平台，提示用户名和密码错误，如图 1-33 所示。

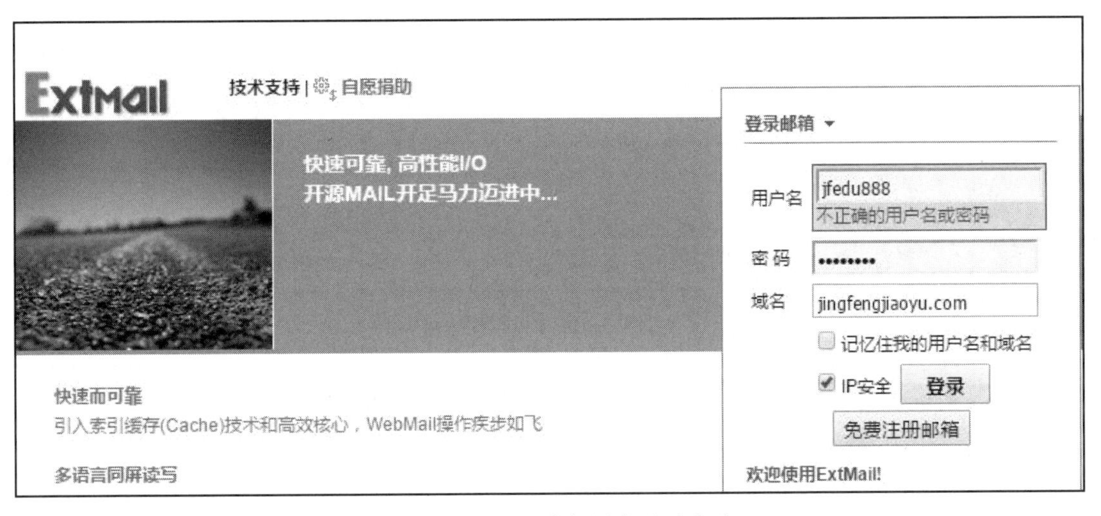

图 1-33　ExtMan 虚拟用户登录失败

问题分析步骤如下。

由于 ExtMan 数据库连接的是 ExtMail 数据库，而虚拟用户读取的是 Postfix 数据库，导致数据不同步。可以同步数据，或者合并数据库。

```
mysqldump -uroot -p postfix >postfix.sql
mysqldump -uroot -p extmail >extmail.sql
#进入 MySQL 命令行
drop database extmail;
use postfix;
source /tmp/extmail.sql;
```

修改 webman.cf 配置文件数据库连接信息如下：

```
SYS_MYSQL_USER = postfix
SYS_MYSQL_PASS = postfix
SYS_MYSQL_DB = postfix
```

重新登录 ExtMail 访问，使用用户名 jfedu888 登录，如图 1-34 所示。

图 1-34 ExtMan 虚拟用户登录

重新注册虚拟用户，验证登录，注册用户 jfedu999，密码 jfedu999，如图 1-35 所示。

（2）Postfixadmin 无法登录，报错信息如下，如图 1-36 所示。

```
PHP Warning:  Unknown: Failed to write session data (files). Please verify
that the current setting of session.save_path is correct (/var/lib/php/
session) in Unknown on line 0, referer: http://mail.jingfengjiaoyu.com/
```

```
postfixadmin/login.php
[Sat Jul 01 23:24:42 2021] [error] [client 36.102.227.109] PHP Warning:
session_destroy(): Session object destruction failed in /var/www/html/
postfixadmin/common.php on line 30, referer: http://mail.jingfengjiaoyu.
com/postfixadmin/main.php
```

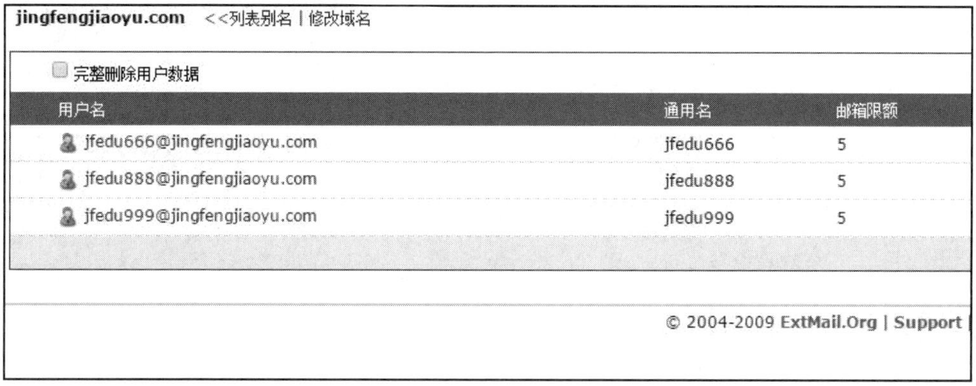

（a）

（b）

图 1-35　ExtMan 虚拟用户登录（更改用户名后）

在 Apache 配置文件中添加如下代码：

```
User postfix
Group postfix
<VirtualHost *:80>
ServerName              mail.jingfengjiaoyu.com
```

```
DocumentRoot           /var/www/extsuite/extmail/html/
ScriptAlias            /extmail/cgi /var/www/extsuite/extmail/cgi
Alias                  /extmail /var/www/extsuite/extmail/html
ScriptAlias            /extman/cgi /var/www/extsuite/extman/cgi
Alias                  /extman /var/www/extsuite/extman/html
Alias                  /postfixadmin /var/www/html/postfixadmin/
</VirtualHost>
```

重启 Apache 服务，访问 Postfixadmin，如图 1-37 所示。

图 1-36　Postfixadmin 访问报错

（a）

图 1-37　Postfixadmin 登录

（b）

图 1-37　（续）

无法登录 Postfixadmin，查看 maillog 日志，代码如下，结果如图 1-38 所示。

```
tail -fn 100 /var/log/httpd/error_log
```

```
4sqj85oj6, O_RDWR) failed: Permission denied (13) in Unknown on line 0,
iaoyu.com/postfixadmin/login.php
error] [client 36.102.227.109] PHP Warning:  Unknown: Failed to write se
ify that the current setting of session.save_path is correct (/var/lib/
 0, referer: http://mail.jingfengjiaoyu.com/postfixadmin/login.php
error] [client 36.102.227.109] PHP Warning:  session_destroy(): Session
var/www/html/postfixadmin/common.php on line 30, referer: http://mail.j
main.php
error] [client 36.102.227.109] PHP Warning:  session_destroy(): Session
var/www/html/postfixadmin/common.php on line 30, referer: http://mail.j
login.php
error] [client 36.102.227.109] PHP Warning:  Unknown: open(/var/lib/php
j12u1cbt3, O_RDWR) failed: Permission denied (13) in Unknown on line 0,
```

图 1-38　Postfixadmin 报错信息

解决方法为执行命令 chmod 757　-R　/var/lib/php/session/，再次登录即可，如图 1-39 所示。

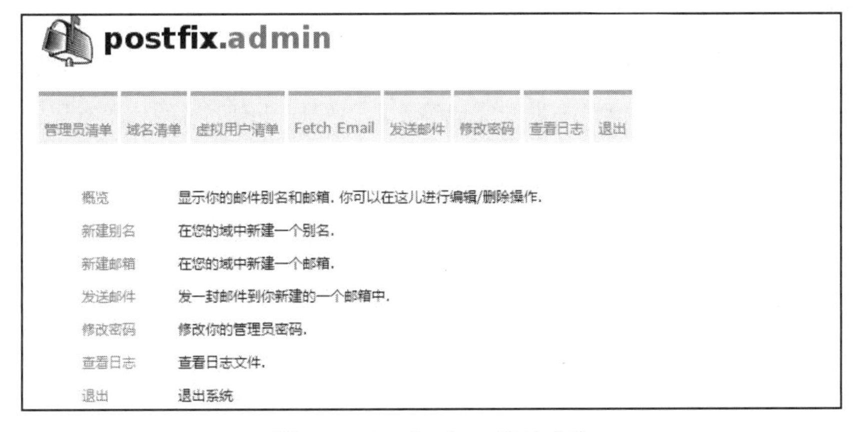

图 1-39　Postfixadmin 登录成功

第 2 章　Jenkins 持续集成企业实战

构建企业自动化部署平台，可以大大提升企业网站部署效率。企业生产环境每天需要更新各种系统，传统更新网站的方法是使用 Shell+Rsync 实现网站代码备份、更新，更新完成后，运维人员手动发送邮件给测试人员、开发人员以及相关的业务人员。传统方法更新网站耗费大量的人力，同时偶尔由于误操作会出现细节问题。构建自动化部署平台变得迫在眉睫。

本章介绍传统网站部署方法、企业主流部署方法、Jenkins 持续集成简介、持续集成平台构建、Jenkins 插件部署、Jenkins 自动化部署网站、Jenkins 多实例及 Ansible+Jenkins 批量自动部署等。

2.1　传统网站部署的流程

服务器网站部署是运维工程师的主要工作之一。传统运维网站部署主要靠手动部署，手动部署网站的流程大致分为：需求分析→原型设计→开发代码→提交测试→内网部署→确认上线→备份数据→外网更新→外网测试→发布完成等。如果发现外网部署的代码有异常，需要及时回滚，如图 2-1 所示。

服务器部署基于 YUM 安装 LAMP 架构，并部署 Discuz，最终效果如图 2-2 所示。

通过 SecureCRT 登录网站服务器，并将 logo.png 文件上传至网站目录，手动备份网站，并更新网站的 Logo，更新完毕如图 2-3 所示。

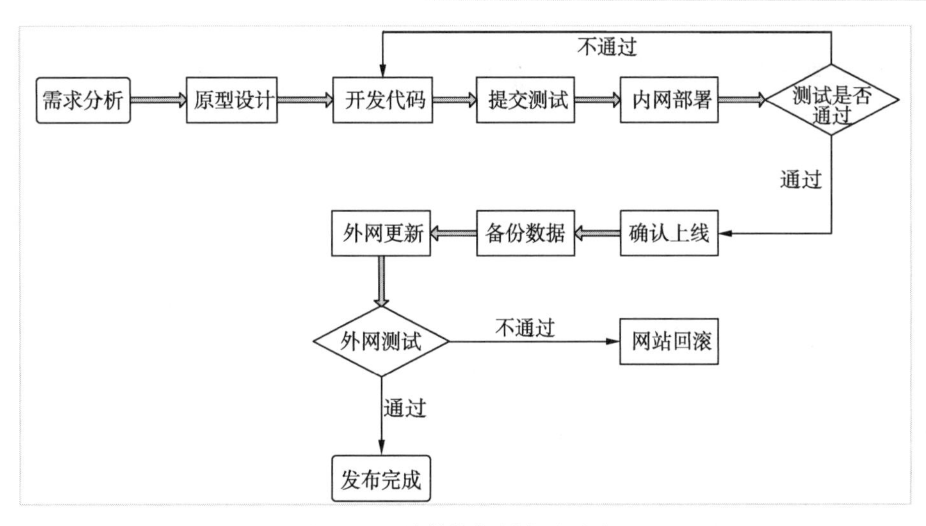

图 2-1　网站传统部署方法及流程

图 2-2　YUM 部署 LAMP+Discuz 网站

图 2-3　手动更新 LAMP 网站 Logo 文件

2.2 目前主流网站部署的流程

传统部署网站的方法对于单台或者几台服务器更新很容易，如果服务器规模超过百台或者千台，或者更新网站代码很频繁，手动更新就非常消耗时间成本。

基于主流的 Hudson/Jenkins 工具平台可实现全自动网站部署、网站测试、网站回滚，大大减轻了网站部署的成本。Jenkins 的前身为 Hudson，Hudson 主要用于商业版，Jenkins 为开源免费版。

Jenkins 是一个可扩展的持续集成引擎、框架，是一个开源软件项目，旨在提供一个开放易用的软件平台，使软件的持续集成变成可能。Jenkins 平台的安装和配置非常容易，使用也非常简单。构建 Jenkins 平台可以解放以下人员的双手：

（1）开发人员。对于开发人员来说，只需负责网站代码的编写，不需要手动对源码进行编译、打包、单元测试等工作，直接将写好的代码分支存放在 SVN、GIT 仓库即可。

（2）运维人员。对于运维人员来说，使用 Jenkins 自动部署，可以减轻人工干预的错误率，同时省去繁杂的上传代码、手动备份、手动更新等工作。

（3）测试人员。对于测试人员来说，可以通过 Jenkins 进行代码测试、网站功能或者性能测试。

基于 Jenkins 自动部署网站的流程大致分为：需求分析→原型设计→开发代码→提交测试→Jenkins 内网部署→确认上线→Jenkins 备份数据→Jenkins 外网部署→外网测试→发布完成等。如果发现外网部署的代码有异常，可以通过 Jenkins 及时回滚，如图 2-4 所示。

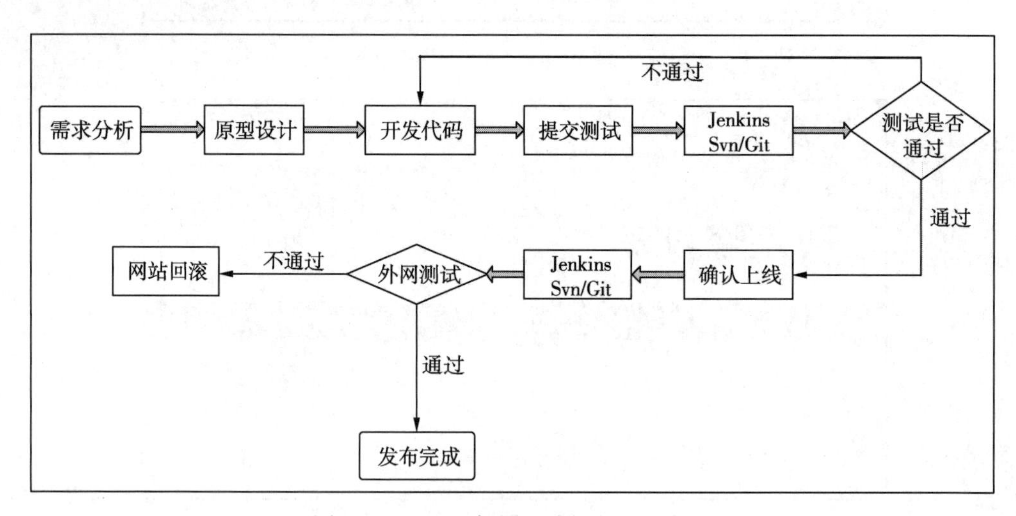

图 2-4　Jenkins 部署网站的方法及流程

2.3　Jenkins 持续集成简介

持续集成（Continuous Integration，CI）是一种软件开发实践，为提高软件开发效率并保障软件开发质量提供了理论基础。

（1）持续集成中的任何一个环节都是自动完成的，无须太多的人工干预，有利于减少重复过程，节省时间、费用和工作量。

（2）持续集成保障了每个时间点上团队成员提交的代码是能成功集成的。换言之，任何时间点都能第一时间发现软件的集成问题，使任意时间发布可部署的软件成为了可能。

（3）持续集成符合软件本身的发展趋势，这点在需求不明确或是频繁性变更的情景中尤其重要。持续集成的质量能帮助团队进行有效决策，同时建立团队对开发产品的信心。

2.4　Jenkins 持续集成组件

（1）自动构建过程 job（作业）。job 的功能主要是获取 SVN/GIT 源码、自动编译、自动打包、部署分发和自动测试等。

（2）源代码存储库。开发编写代码需上传至 SVN、GIT 代码库中，供 Jenkins 获取。

（3）Jenkins 持续集成服务器，用于部署 Jenkins UI、存放 job 工程、各种插件、编译打包的数据等。

2.5　Jenkins 平台实战部署

从官网获取 Jenkins 软件。官网地址为 http://mirrors.jenkins-ci.org/，下载稳定的 Jenkins 版本。由于 Jenkins 是基于 Java 开发的一种持续集成工具，所以 Jenkins 服务器需安装 Java JDK 开发软件。Jenkins 平台搭建步骤如下。

（1）Jenkins 稳定版下载，代码如下：

```
https://mirrors.tuna.tsinghua.edu.cn/jenkins/war/2.260/jenkins.war
```

（2）官网下载 Java JDK，并解压安装。执行代码 vi /etc/profile，添加如下语句：

```
export JAVA_HOME = /usr/java/jdk1.8.0_131
export CLASSPATH = $CLASSPATH:$JAVA_HOME/lib:$JAVA_HOME/jre/lib
```

```
export PATH = $JAVA_HOME/bin:$JAVA_HOME/jre/bin:$PATH
```

（3）配置 Java 环境变量，在/etc/profile 配置文件末尾加入如下代码：

```
export JAVA_HOME = /usr/java/jdk1.8.0_131
export CLASSPATH = $CLASSPATH:$JAVA_HOME/lib:$JAVA_HOME/jre/lib
export PATH = $JAVA_HOME/bin:$JAVA_HOME/jre/bin:$PATH:$HOME/bin
```

配置并查看环境变量，命令如下：

```
source /etc/profile
java  --version
```

（4）Tomcat Java 容器配置如下：

```
wget https://dlcdn.apache.org/tomcat/tomcat-8/v8.5.72/bin/apache-tomcat-
8.5.72.tar.gz
tar  xzf  apache-tomcat-8.5.72.tar.gz
mv  apache-tomcat-8.5.72   /usr/local/tomcat
```

（5）Tomcat 发布 Jenkins，将 Jenkins.war 复制至 Tomcat 默认发布目录，并使用 jar 工具解压，启动 Tomcat 服务即可，代码如下：

```
rm    -rf  /usr/local/tomcat/webapps/*
mkdir  -p /usr/local/tomcat/webapps/ROOT/
mv    jenkins.war  /usr/local/tomcat/webapps/ROOT/
cd    /usr/local/tomcat/webapps/ROOT/
jar    -xvf  jenkins.war;rm -rf  Jenkins.war
sh    /usr/local/tomcat/bin/startup.sh
```

（6）如果安装新版，提示 Jenkins 已经离线，可以用以下方法解决该问题。

① 在命令行窗口打开文件 root/.jenkins/updates/default.json 并修改。

Jenkins 在安装插件时需要检查网络，默认是访问 www.google.com，国内服务器连接比较慢，可以改成国内的地址作为测试地址，此处改成 www.baidu.com。

```
{"connectionCheckUrl":"http://www.baidu.com/"
```

② 在命令行窗口打开文件 root/.jenkins/hudson.model.UpdateCenter.xml 并修改。

默认该文件为 Jenkins 下载插件的源地址，默认地址为 https://updates.jenkins.io/update-center.json，因为 https 连接慢问题，此处将其改为 http 即可。

```
<url>http://updates.jenkins.io/update-center.json</url>
```

③ 重启 Jenkins 所在 Tomcat 服务即可，命令如下：

```
/usr/local/tomcat/bin/shutdown.sh
/usr/local/tomcat/bin/startup.sh
```

（7）根据提示完成安装即可，最终通过客户端浏览器访问 Jenkins 服务器 IP 地址，如图 2-5 所示。

图 2-5　Jenkins 自动部署平台

2.6　Jenkins 相关概念

要熟练掌握 Jenkins 持续集成的配置、使用和管理，需要了解相关的概念，例如代码开发、编译、打包、构建等。常见的代码相关概念包括 Make、Ant、Maven、Jenkins、Eclipse 等。

（1）Make 编译工具。

Make 编译工具是 Linux 和 Windows 最原始的编译工具，在 Linux 下编译程序常用 Make，Windows 下对应的工具为 nmake。读取本地 makefile 文件，该文件决定了源文件之间的依赖关系，Make 负责根据 makefile 文件组织构建软件，负责指挥编译器如何编译、连接器如何连接，以及最后生成可用二进制的代码。

（2）Ant 编译工具。

Make 工具在编译比较复杂的工程时使用起来不方便，语法很难理解，故延伸出了 Ant 工具。Ant 工具属于 Apache 基金会软件成员之一，是一个将软件编译、测试、部署等步骤联系在一起加以自动化的工具，大多用于 Java 环境中的软件开发。

Ant 构建文件是 XML 文件。每个构建文件定义一个唯一的项目（Project 元素）。每个项目下可以定义很多目标元素，这些目标元素之间可以有依赖关系。

构建一个新的项目时，首先应该编写 Ant 构建文件。因为构建文件定义了构建过程，并为团队开发中每个人所使用。

Ant 构建文件默认名为 build.xml，也可以取其他名字，只不过在运行的时候需把这个命名当作参数传给 Ant。构建文件可以放在任意位置，一般做法是放在项目顶层目录，即根目录，这样可以保持项目的简洁和清晰。

（3）Maven 编译工具。

Maven 工具是对 Ant 工具的进一步改进，在 Make 工具中，如果要编译某些源文件，首先要安装编译器等工具。有时候需要不同版本的编译器，在 Java 的编译器需要不同的各种数据包的支持，如果把每个数据包都下载下来，在 makefile 中进行配置制定，当需要的数据包非常多时，将很难管理。

Maven 与 Ant 类似，也是构建（build）工具。它如何调用各种不同的编译器连接器呢？使用 Maven plugin（maven 插件），Maven 项目对象模型（Project Object Model，POM），可以通过一小段描述信息管理项目的构建，是报告和文档的软件项目管理工具。Maven 除了以程序构建能力为特色之外，还提供高级项目管理工具。

POM 是 Maven 项目中的文件，用 XML 表示，名称为 pom.xml。在 Maven 中构建的项目（Project）不仅仅是一堆包含代码的文件，还包含 pom.xml 配置文件，该文件包括 Project 与开发者有关的缺陷跟踪系统、组织与许可、项目的 URL、项目依赖，以及其他配置。

在基于 Maven 构建编译时，Project 可以什么都没有，甚至没有代码，但是必须包含 pom.xml 文件。由于 Maven 的默认构建规则有较高的可重用性，所以常常用两三行 Maven 构建脚本就可以构建简单的项目。

由于 Maven 的面向项目的方法，许多 Apache Jakarta 项目发文时使用 Maven，且公司项目采用 Maven 的比例在持续增长。

（4）Jenkins 框架工具。

Maven 可以实现对软件代码进行编译、打包、测试，功能已经很强大了，那还需要 Jenkins 做什么呢？Maven 可以控制编译，控制连接，可以生成各种报告，可以进行代码测试。但是默认不能控制完整的流程，没有顺序定义——是先编译还是先连接？先进行代码测试，还是先生成报告？可以使用 Jenkins 对 Maven 进行控制，将这些流程关联起来。

（5）Eclipse 工具。

Eclipse 是一个开放源代码的、基于 Java 的可扩展开发平台。就其本身而言，它只是一个框架和一组服务，用于通过插件组件构建开发环境。Eclipse 附带了一个标准的插件集，包括 Java 开发工具（Java Development Kit，JDK），主要用于开发网站代码。

2.7　Jenkins 平台设置

Jenkins 持续基础平台部署完毕，需要进行简单配置，例如配置 Java 路径，安装 Maven，指定 SVN、GIT 仓库地址等。以下为 Java 路径和 Maven 设置步骤。

（1）Jenkins 服务器安装 Maven。

```
wget
http://mirrors.tuna.tsinghua.edu.cn/apache/maven/maven-3/3.3.9/binaries/
apache-maven-3.3.9-bin.tar.gz
tar -xzf  apache-maven-3.3.9-bin.tar.gz
mv  apache-maven-3.3.9   /usr/maven/
```

（2）Jenkins 系统设置环境变量，如图 2-6 所示。

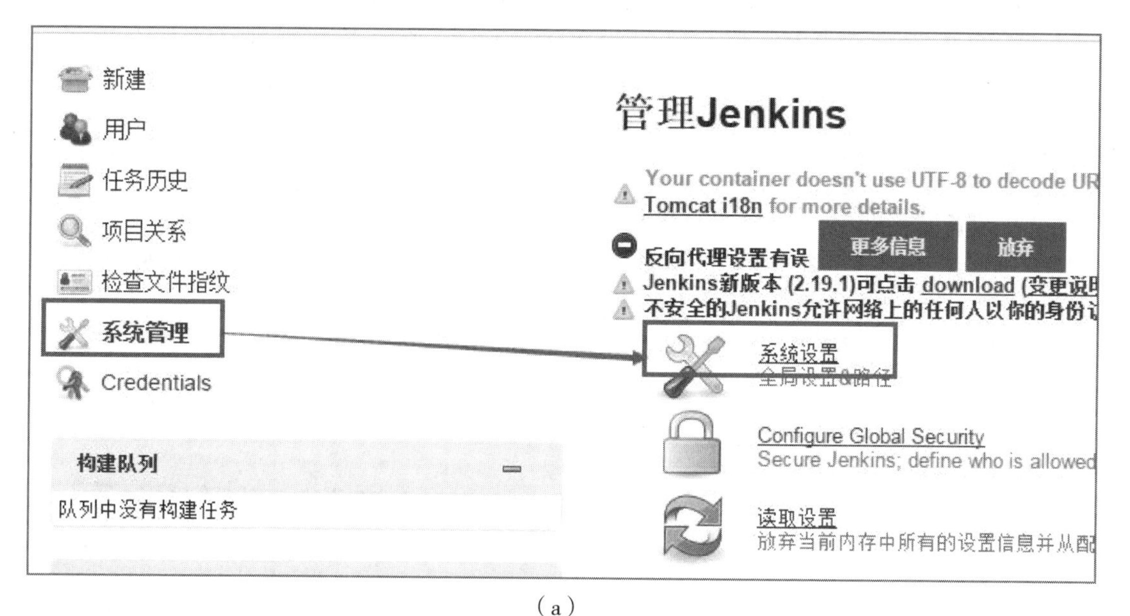

（a）

图 2-6　Jenkins 系统设置

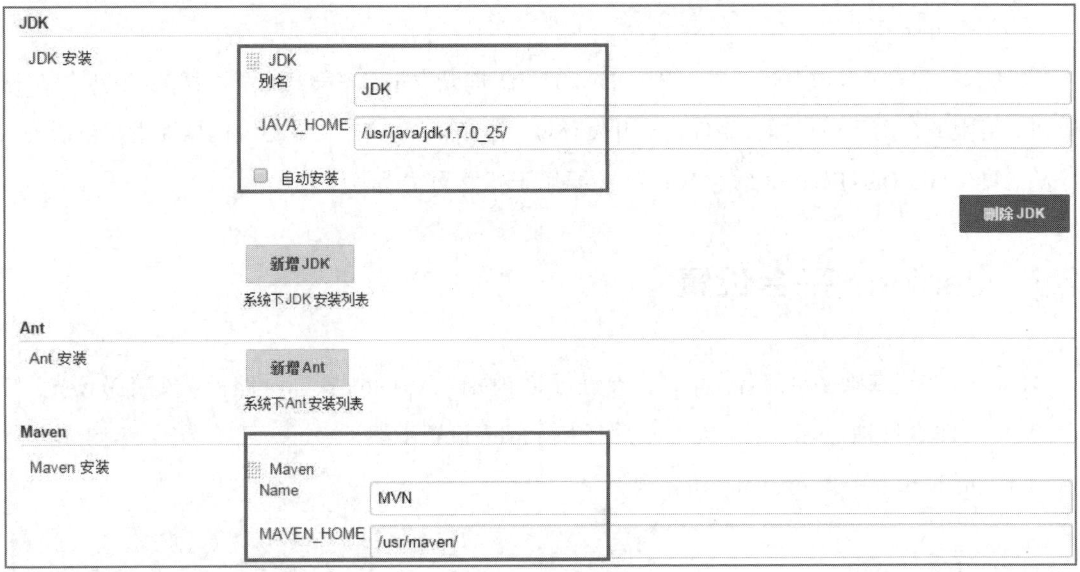

（b）

图 2-6 （续）

（3）Jenkins 系统设置完毕，需创建 job。

在 Jenkins 平台首页单击“创建一个新任务”按钮，在弹出对话框的“Item 名称”文本框中填入 Item 名称，选中“构建一个 maven 项目”单选按钮，然后单击 OK 按钮即可，如图 2-7 所示。

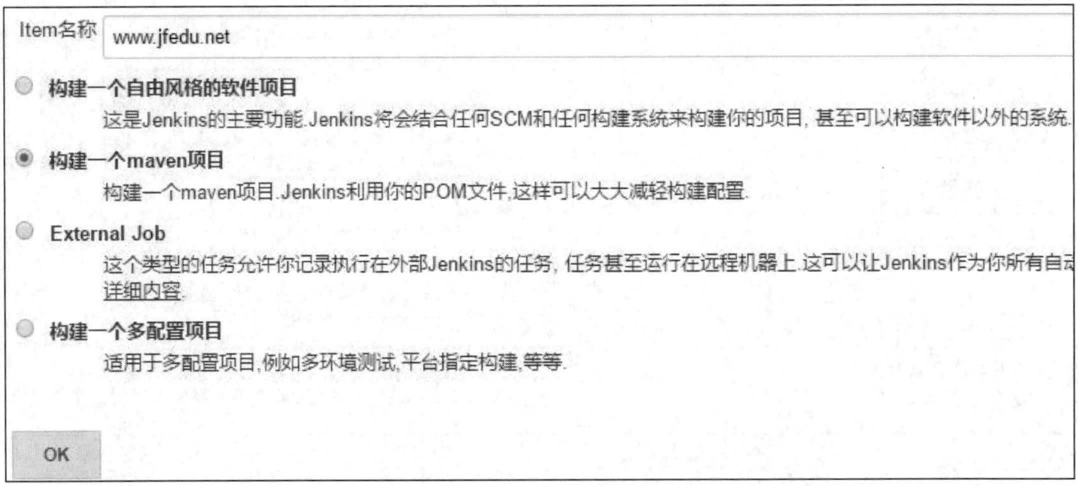

图 2-7 Jenkins 创建 Jenkins job 工程

（4）创建 job 后，需对其进行配置，如图 2-8 所示。

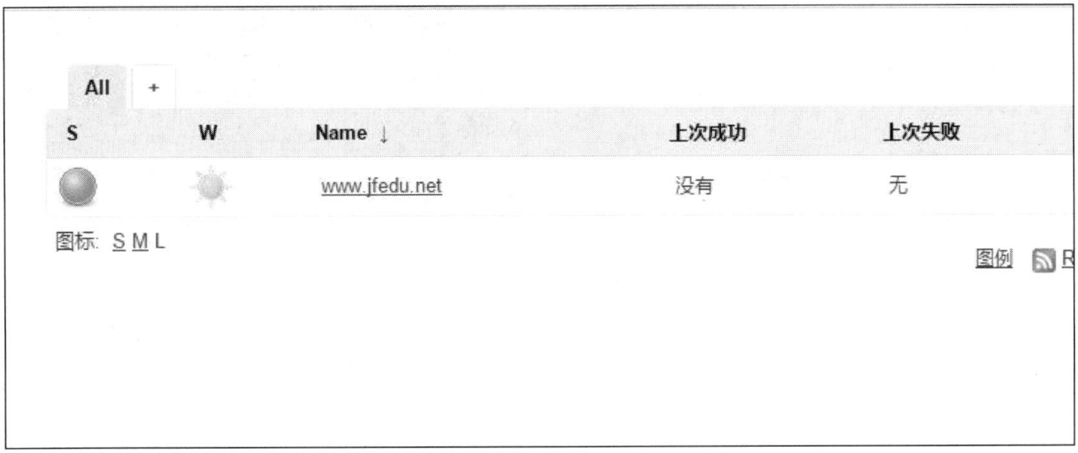

S	W	Name ↓	上次成功	上次失败
		www.jfedu.net	没有	无

图标: S M L

图例 R

图 2-8　Jenkins 配置 job 工程

（5）单击工程名 www.jfedu.net 选择配置，进入 job 工程详细配置，打开“源码管理”对话框，选择 Subversion 配置 SVN 仓库地址，如果报错，需要输入 SVN 用户名和密码，如图 2-9 所示。

源码管理

- None
- CVS
- CVS Projectset
- Git
- Subversion

Modules

Repository URL	svn://139.224.227.121:8801/edu
Local module directory (optional)	.
Repository depth	infinity
Ignore externals	☐

Add more loca

图 2-9　Jenkins 配置 SVN 仓库地址

SVN 代码迁出参数详解如下：

```
Respository url                    #配置 SVN 仓库地址
Local module directory             #存储 SVN 源码的路径
Ignore externals option            #忽略额外参数
```

```
Check-out Strategy           #代码检出策略
Repository browser           #仓库浏览器,默认为 Auto
add more locations           #源码管理,允许下载多个地址的代码
Repository depth             #获取 SVN 源码的目录深度,默认为 infinity
empty                #不检出项目的任何文件,files: 所有文件,immediates: 目录第一级,
                     #infinity: 整个目录所有文件
```

（6）配置 Maven 编译参数，依次选择 Build→Goals and options，输入 clean install -Dmaven.test.skip=true，此处为 Maven 自动编译、打包并跳过单元测试选项，如图 2-10 所示。

图 2-10　Jenkins 配置 Maven 编译参数

Maven 工具常用命令如下：

```
mvn clean                              #打包清理（删除 target 目录内容）
mvn compile                            #编译项目
mvn package                            #打包发布
clean install -Dmaven.test.skip=true   #打包时跳过测试
```

通过以上步骤的配置，即完成了 job 工程的创建。

2.8　Jenkins 构建 job 工程

Jenkins job 工程创建完毕，直接运行构建，Jenkins 将从 SVN 仓库获取 SVN 代码，然后通过 Maven 编译、打包，并最终生成可以使用的压缩包。操作步骤如下：

（1）单击工程名 www.jfedu.net，进入 job 工程详细配置界面，单击“立即构建”，如图 2-11 所示。

（2）查看 Build History，单击最新一次百分比进度条任务，如图 2-12 所示。

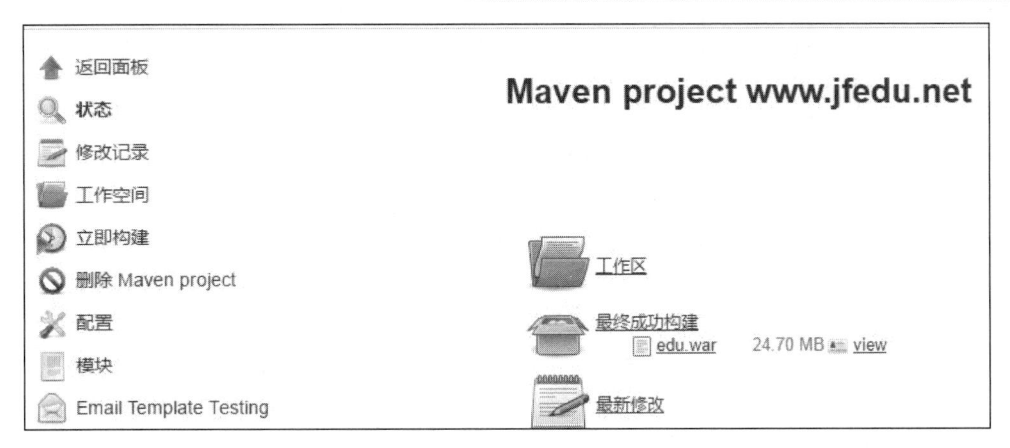

图 2-11　Jenkins job 工程配置界面

图 2-12　Jenkins job 工程构建界面

（3）进入 job 工程编译界面，单击 Console Output，如图 2-13 所示。

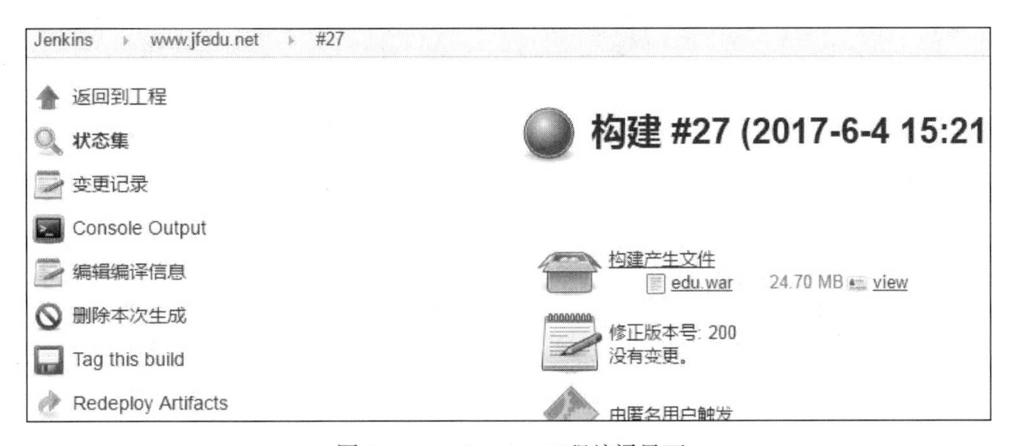

图 2-13　Jenkins job 工程编译界面

（4）查看 Jenkins 构建实时日志，如图 2-14 所示。

```
Started by user anonymous
Building on master in workspace /root/.jenkins/workspace/www.jfedu.net
Updating svn://139.224.227.121:8801/edu at revision '2017-06-04T15:17:11.704 +0800'
At revision 200
no change for svn://139.224.227.121:8801/edu since the previous build
No emails were triggered.
Parsing POMs
[www.jfedu.net] $ /usr/java/jdk1.8.0_131//bin/java -cp /root/.jenkins/plugins/maven-plugin/WEB-INF/lib/maven31-ag
1.5.jar:/data/maven/boot/plexus-classworlds-2.5.2.jar:/data/maven/conf/logging jenkins.maven3.agent.Maven31Main /
/usr/local/tomcat_jenkins/webapps/ROOT/WEB-INF/lib/remoting-2.57.jar /root/.jenkins/plugins/maven-plugin/WEB-INF/
/root/.jenkins/plugins/maven-plugin/WEB-INF/lib/maven3-interceptor-commons-1.5.jar 27365
<===[JENKINS REMOTING CAPACITY]===>channel started
Executing Maven:  -B -f /root/.jenkins/workspace/www.jfedu.net/pom.xml clean install -Dmaven.test.skip=true
[INFO] Scanning for projects...
[INFO]
[INFO] ------------------------------------------------------------------------
[INFO] Building edu Maven Webapp 0.0.1-SNAPSHOT
[INFO] ------------------------------------------------------------------------
[INFO]
[INFO] --- maven-clean-plugin:2.5:clean (default-clean) @ edu ---
[INFO] Deleting /root/.jenkins/workspace/www.jfedu.net/target
```

（a）

```
[INFO] --- maven-install-plugin:2.4:install (default-install) @ edu ---
[INFO] Installing /root/.jenkins/workspace/www.jfedu.net/target/edu.war to /root/.m2/repository/com/shareku/edu/0
SNAPSHOT.war
[INFO] Installing /root/.jenkins/workspace/www.jfedu.net/pom.xml to /root/.m2/repository/com/shareku/edu/0.0.1-SN
[INFO] ------------------------------------------------------------------------
[INFO] BUILD SUCCESS
[INFO] ------------------------------------------------------------------------
[INFO] Total time: 13.733 s
[INFO] Finished at: 2017-06-04T15:17:35+08:00
[INFO] Final Memory: 25M/171M
[INFO] ------------------------------------------------------------------------
[JENKINS] Archiving /root/.jenkins/workspace/www.jfedu.net/pom.xml to com.shareku/edu/0.0.1-SNAPSHOT/edu-0.0.1-SN
[JENKINS] Archiving /root/.jenkins/workspace/www.jfedu.net/target/edu.war to com.shareku/edu/0.0.1-SNAPSHOT/edu-0
channel stopped
[www.jfedu.net] $ /bin/sh -xe /usr/local/tomcat_jenkins/temp/hudson6629705887694115145.sh
Archiving artifacts
```

（b）

图 2-14　Jenkins 构建实时日志

控制台日志打印“Finished: SUCCESS”，则表示 Jenkins 持续集成构建完成，会在 Jenkins 服务器目录 www.jfedu.net 工程名目录下生成网站可用的压缩文件，将该压缩文件部署至其他服务器即可，压缩文件路径为/root/.jenkins/workspace/www.jfedu.net/target/edu.war。

至此，Jenkins 持续集成平台自动构建软件完成。该步骤只是生成了文件，并没有实现自动将该文件部署至其他服务器，如果要实现自动部署，需要基于 Jenkins 插件或者基于 Shell、Python 等自动部署脚本。

2.9　Jenkins 自动部署

如上手动构建 Jenkins job 工程，自动编译、打包生成压缩文件，并不能实现自动部署，如需要实现自动部署可以基于自动部署插件或者 Shell 脚本、Python 脚本等。

以下以 Shell 脚本实现 Jenkins 自动部署压缩文件至其他多台服务器，并自动启动 Tomcat，实现最终 Web 浏览器访问。Jenkins 自动部署完整操作步骤如下。

（1）单击工程名 www.jfedu.net，依次选择“配置”→“构建后操作”→Add post-build step →Archive the artifacts，在“用于存档的文件”中输入：**/target/*.war，该选项主要用于 Jenkins 编译后将压缩文件存档一份到 target 目录，该文件可以通过 Jenkins Tomcat 的 HTTP 端口访问，如图 2-15 所示。

Aggregate downstream test results
Archive the artifacts
Build other projects
Deploy artifacts to Maven repository
Record fingerprints of files to track usage
Git Publisher
Editable Email Notification
Editable Email Notification Templates
增加构建后操作步骤
保存　应用

（a）

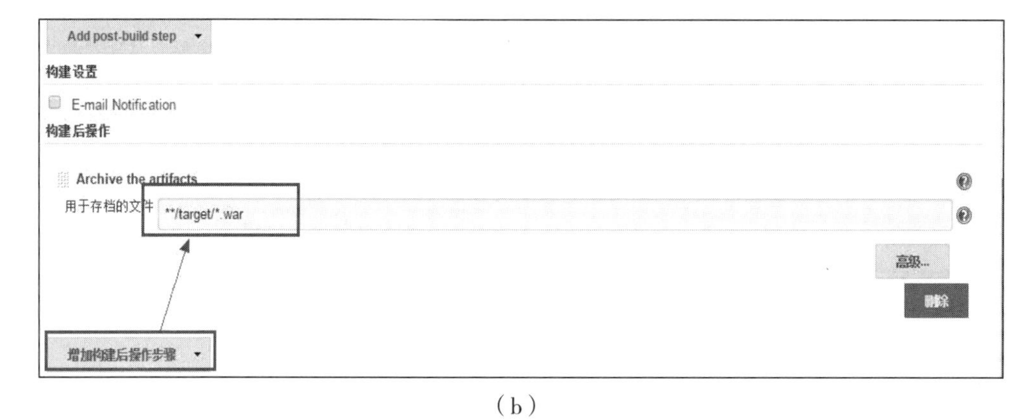

（b）

图 2-15　Jenkins job 工程编译控制台

（2）Jenkins 构建完毕，访问 Jenkins war 存档的文件，URL 地址如下：

```
http://139.224.227.121:7001/job/www.jfedu.net/lastSuccessfulBuild/artifact/
target/edu.war
```

（3）选择 Add post-build step→Execute shell，在 Command 中输入如下代码，实现 Jenkins edu.war 压缩文件自动部署。以下为 139.199.228.59 客户端单台服务器部署 edu.war 压缩文件，多台服务器可以使用 ip.txt 列表，将 IP 加入 ip.txt，通过 for 循环实现批量部署，如图 2-16 所示。

```
cp  /root/.jenkins/workspace/www.jfedu.net/target/edu.war  /root/.jenkins
/jobs/www.jfedu.net/builds/lastSuccessfulBuild/archive/target/
ssh  root@ 139.199.228.59  'bash -x -s' < /data/sh/auto_deploy.sh
#for  I  in  'cat ip.txt';do ssh  root@${I}  'bash -x -s' < /data/sh/auto_
deploy.sh ;done
```

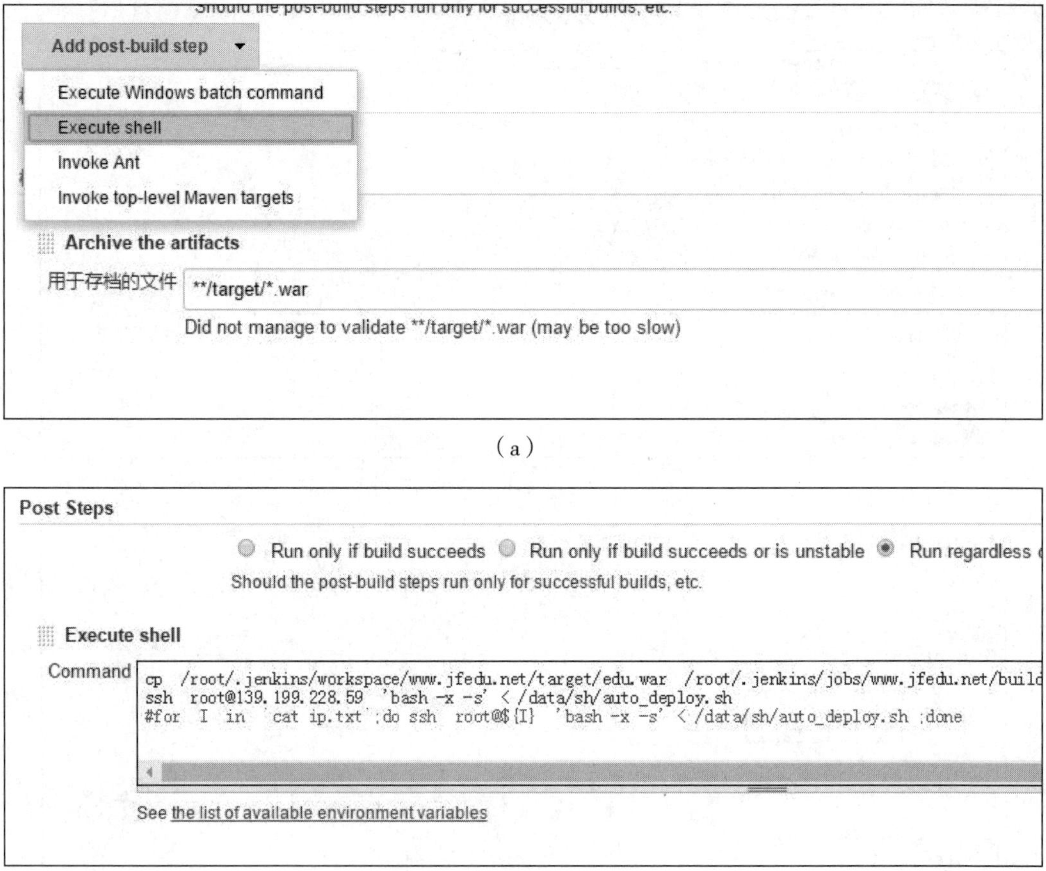

（a）

（b）

图 2-16　Jenkins job 构建完毕执行 Shell

（4）基于 Jenkins 将 edu.war 自动部署至 139.199.228.59 服务器 Tomcat 发布目录，需提前配置登录远程客户端免密钥。免密钥配置首先在 Jenkins 服务器执行 ssh-keygen 命令，然后按 Enter 键生成公钥和私钥；然后将公钥 id_rsa.pub 复制至客户端/root/.ssh/目录，并重命名为 authorized_keys，操作命令如下：

```
ssh-keygen  -t  rsa  -P ' '  -f /root/.ssh/id_rsa
ssh-copy-id -i /root/.ssh/id_rsa.pub 139.199.228.59
```

（5）Shell 脚本需放在 Jenkins 服务器/data/sh/目录下，无须放在客户端。Shell 脚本内容如下：

```
#!/bin/bash
#Auto deploy Tomcat for jenkins
#By author jfedu.net 2021
export JAVA_HOME=/usr/java/jdk1.6.0_25
TOMCAT_PID='/usr/sbin/lsof -n  -P  -t  -i  :8081'
TOMCAT_DIR="/usr/local/tomcat/"
FILES="edu.war"
DES_DIR="/usr/local/tomcat/webapps/ROOT/"
DES_URL="http://139.224.227.121:7001/job/www.jfedu.net/lastSuccessfulBuild/
artifact/target/"
BAK_DIR="/export/backup/'date +%Y%m%d-%H%M'"
[ -n "$TOMCAT_PID" ] && kill -9 $TOMCAT_PID
cd $DES_DIR
rm -rf $FILES
mkdir -p $BAK_DIR;\cp -a $DES_DIR/* $BAK_DIR/
rm -rf $DES_DIR/*
wget $DES_URL/$FILES
/usr/java/jdk1.6.0_25/bin/jar  -xvf  $FILES
####################
cd $TOMCAT_DIR;rm -rf work
/bin/sh $TOMCAT_DIR/bin/start.sh
sleep 10
tail -n 50 $TOMCAT_DIR/logs/catalina.out
```

如上通过 Shell+for 循环可以实现网站简单的异步部署。如果需要将 Jenkins edu.war 压缩文件批量快速部署至 100 台、500 台服务器，该如何实现呢？后续会讲解。

2.10 Jenkins 插件安装

Jenkins 最大的功能莫过于插件丰富，基于各种插件可以满足各项需求。Jenkins 本身是一个框架,真正发挥作用的是各种插件。Jenkins 默认自带很多插件,如果需添加新插件,可以在 Jenkins 平台主页面进行操作，操作步骤如下：

如图 2-17 所示，选择“管理插件”，再选择“可选插件”，搜索 Email-ext plugin，选择并安装插件；如果没有该插件，则需单击“高级”，手动上传插件并安装。

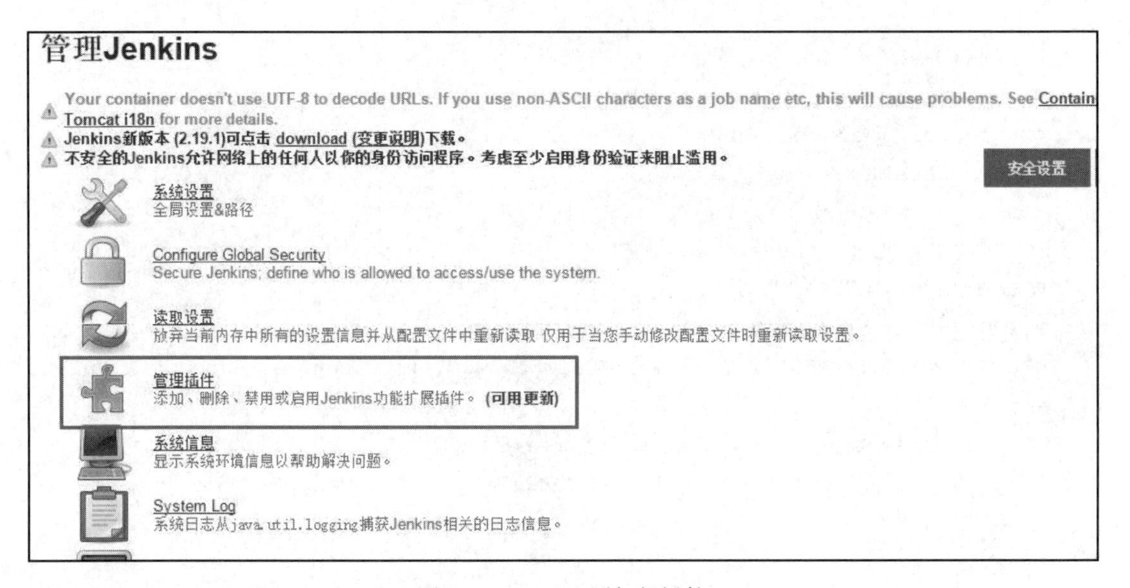

图 2-17　Jenkins 添加新插件

访问 Jenkins 官网，手动下载插件，将下载的插件上传到服务器 Jenkins 根目录/root 下的 plugins 目录，即/root/.jenkins/plugins 目录，然后重启 Jenkins 即可。Jenkins 插件下载地址为 https://wiki.jenkins-ci.org/display/JENKINS/Plugins。

（1）下载 email-ext、token-macro 和 emailext-template，可以输入插件名称搜索某个插件，如图 2-18 所示。

（2）email-ext、token-macro 和 emailext-template 插件下载地址如下：

```
https://wiki.jenkins-ci.org/display/JENKINS/Email-ext+plugin
https://wiki.jenkins-ci.org/display/JENKINS/Token+Macro+Plugin
https://wiki.jenkins-ci.org/display/JENKINS/Email-ext+Template+Plugin
```

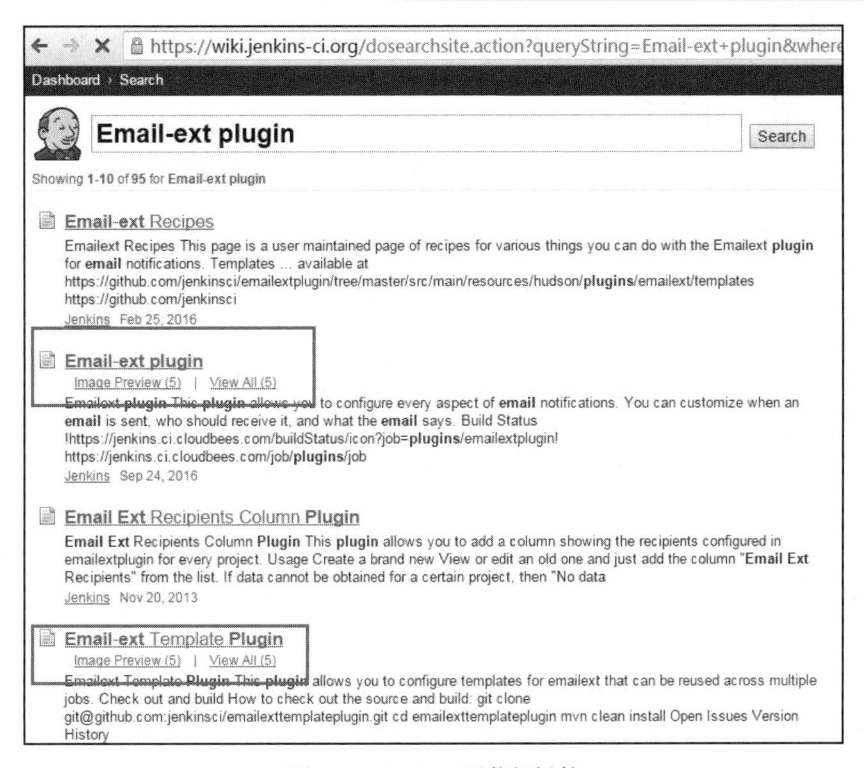

图 2-18　Jenkins 下载新插件

（3）安装 token-macro 插件，如图 2-19 所示。

（a）

图 2-19　Jenkins token-macro 插件安装

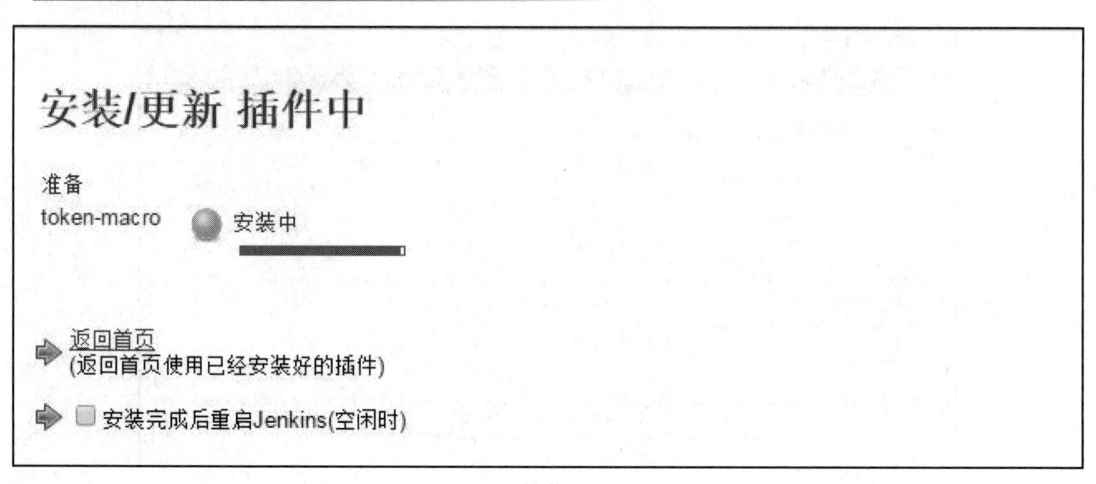

（b）

图 2-19 （续）

（4）安装 email-ext 插件，如图 2-20 所示。

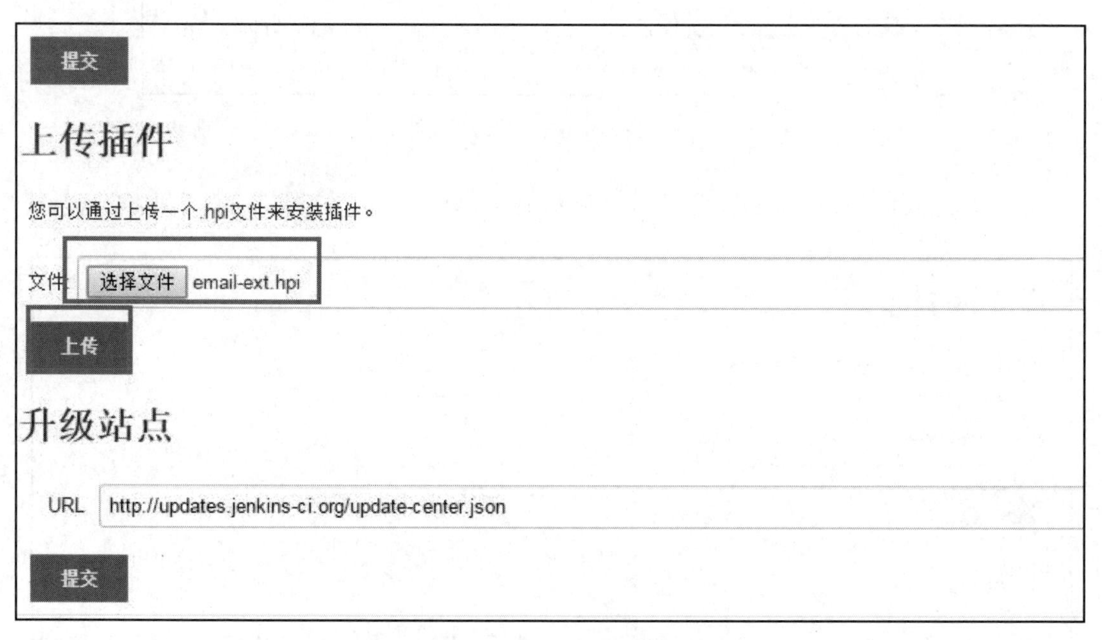

图 2-20 Jenkins email-ext 插件安装

（5）email-ext、token-macro 和 emailext-template 插件安装完毕，如图 2-21 所示。

（6）email-ext 插件安装完毕，Jenkins 主界面依次选择“系统管理”→“ 系统设置”，将出现 Extended E-mail Notification 界面，如图 2-22 所示。

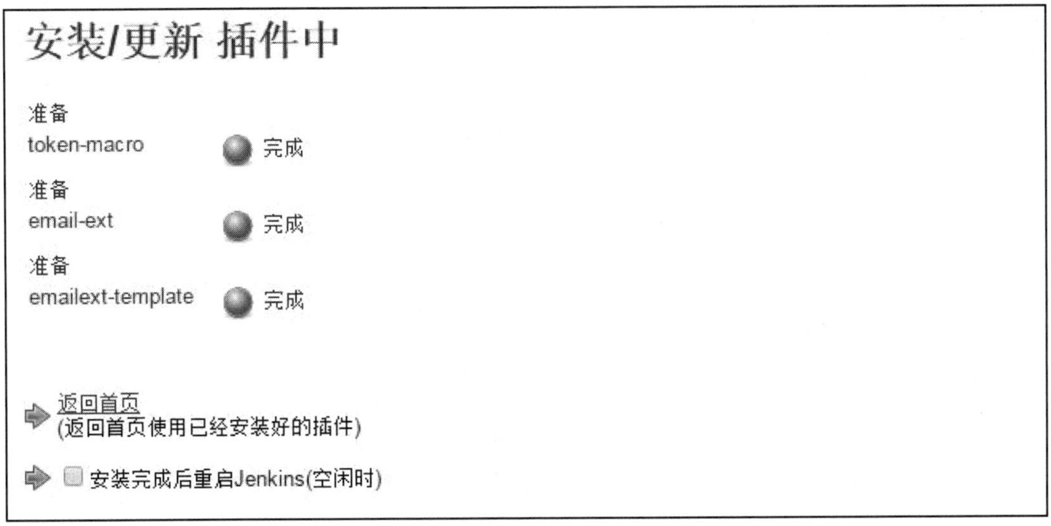

安装/更新 插件中

准备
token-macro　完成

准备
email-ext　完成

准备
emailext-template　完成

返回首页
(返回首页使用已经安装好的插件)

安装完成后重启Jenkins(空闲时)

图 2-21　Jenkins 插件安装完毕

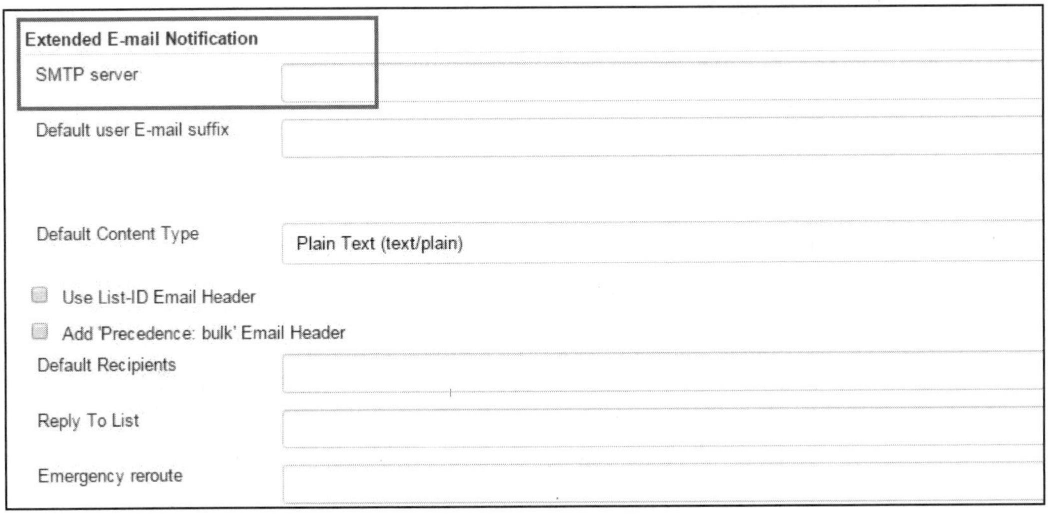

Extended E-mail Notification
SMTP server
Default user E-mail suffix
Default Content Type　Plain Text (text/plain)
Use List-ID Email Header
Add 'Precedence: bulk' Email Header
Default Recipients
Reply To List
Emergency reroute

图 2-22　Extended E-mail Notification 界面

如需安装 GIT、Publish Over 插件或者 Jenkins 其他任意插件，方法与 email-ext 插件安装方法一致。

2.11　Jenkins 邮件配置

Jenkins 持续集成配置完毕，可以进行网站代码的自动更新、部署、升级及回滚操作，通过控制台信息可以查看每个 job 工程构建的状态。

如果网站项目很多，人工查看状态就变得不可取，可以借助 Jenkins email-ext 插件实现网站构建，之后自动发送邮件给相应的开发人员、运维人员或者测试人员。Jenkins 发送邮件需安装 Email 邮件插件 email-ext、token-macro 和 emailext-template。Jenkins Email 邮件配置常见参数如下：

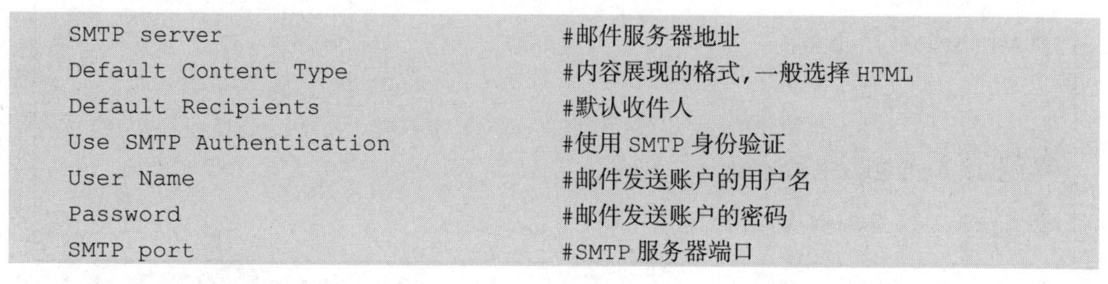

```
SMTP server                           #邮件服务器地址
Default Content Type                  #内容展现的格式,一般选择 HTML
Default Recipients                    #默认收件人
Use SMTP Authentication               #使用 SMTP 身份验证
User Name                             #邮件发送账户的用户名
Password                              #邮件发送账户的密码
SMTP port                             #SMTP 服务器端口
```

Jenkins Email 邮件配置方法如下。

（1）设置 Jenkins 邮件发送者，在 Jenkins 平台首页单击“系统管理”，然后单击“系统设置”，在弹出的“Maven 项目配置”对话框的 Jenkins Location 选项组中填写 Jenkins URL 和系统管理员邮件地址，如图 2-23 所示。

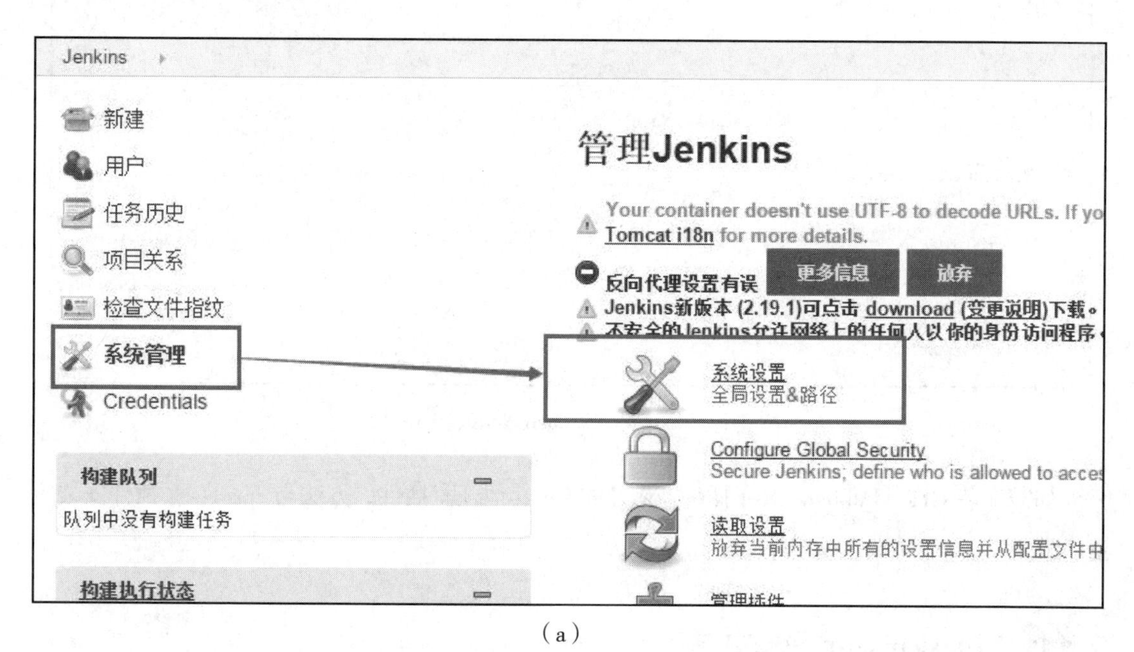

（a）

图 2-23　Jenkins Email 邮件配置 1

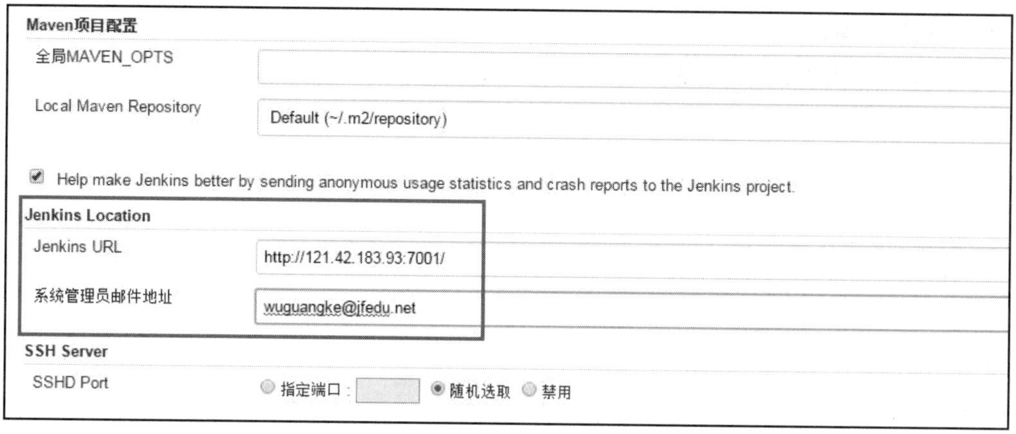

Maven项目配置
全局MAVEN_OPTS
Local Maven Repository　Default (~/.m2/repository)
Help make Jenkins better by sending anonymous usage statistics and crash reports to the Jenkins project.
Jenkins Location
Jenkins URL　http://121.42.183.93:7001/
系统管理员邮件地址　wuguangke@jfedu.net
SSH Server
SSHD Port　指定端口：　随机选取　禁用

（b）

图 2-23　（续）

（2）设置发送邮件的 SMTP 服务器、邮箱后缀、发送类型、接收者或抄送者。在 Jenkins 平台首页单击“系统管理”，然后单击“系统设置”，在 Extended E-mail Notification 选项组中填写如图 2-24 所示的选项，包括 SMTP server、默认后缀、使用 SMTP 认证、Default Recipients（邮件接收人）等信息。

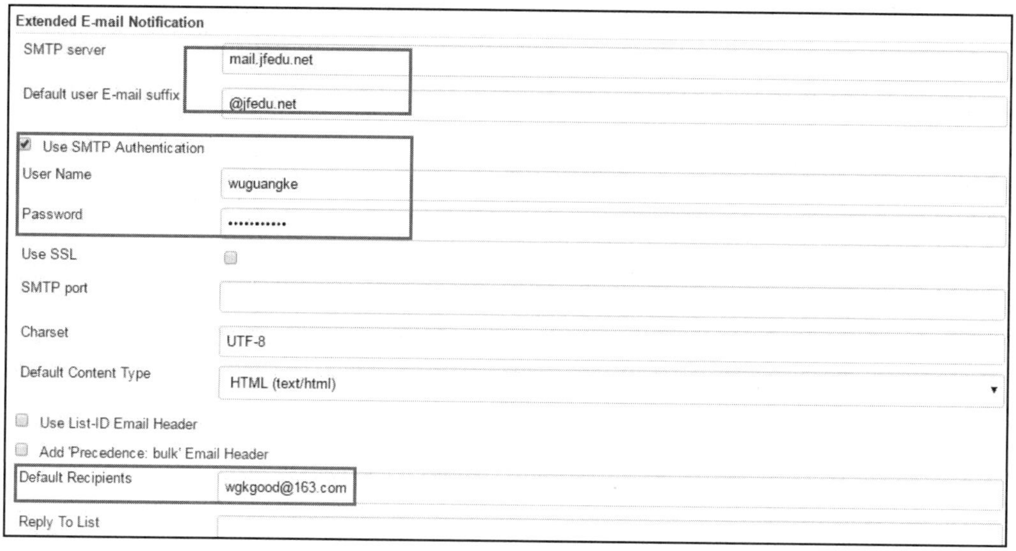

Extended E-mail Notification
SMTP server　mail.jfedu.net
Default user E-mail suffix　@jfedu.net
Use SMTP Authentication
User Name　wuguangke
Password　•••••••••••
Use SSL
SMTP port
Charset　UTF-8
Default Content Type　HTML (text/html)
Use List-ID Email Header
Add 'Precedence: bulk' Email Header
Default Recipients　wgkgood@163.com
Reply To List

图 2-24　Jenkins Email 邮件配置 2

（3）设置邮件的默认标题（Default Subject）如下：

```
#构建通知
```

```
$PROJECT_NAME - Build # $BUILD_NUMBER - $BUILD_STATUS
```

（4）设置发送邮件的默认内容（Default Content）如下：

```
<hr/>
<h3>(本邮件是程序自动下发的,请勿回复！)</h3><hr/>
#项目名称
$PROJECT_NAME<br/><hr/>
#构建编号
$BUILD_NUMBER<br/><hr/>
#构建状态
$BUILD_STATUS<br/><hr/>
#触发原因
${CAUSE}<br/><hr/>
构建日志地址：<a href="${BUILD_URL}console">${BUILD_URL}console</a><br/><hr/>
#构建地址
<a href="$BUILD_URL">$BUILD_URL</a><br/><hr/>
#变更集
${JELLY_SCRIPT,template="html"}<br/>
<hr/>
```

（5）设置每个 job 工程邮件时，单击 www.jfedu.net job 名称，然后依次选择“配置”→“构建后操作”，在 Editable Email Notification 中信息保持默认，如图 2-25 所示。

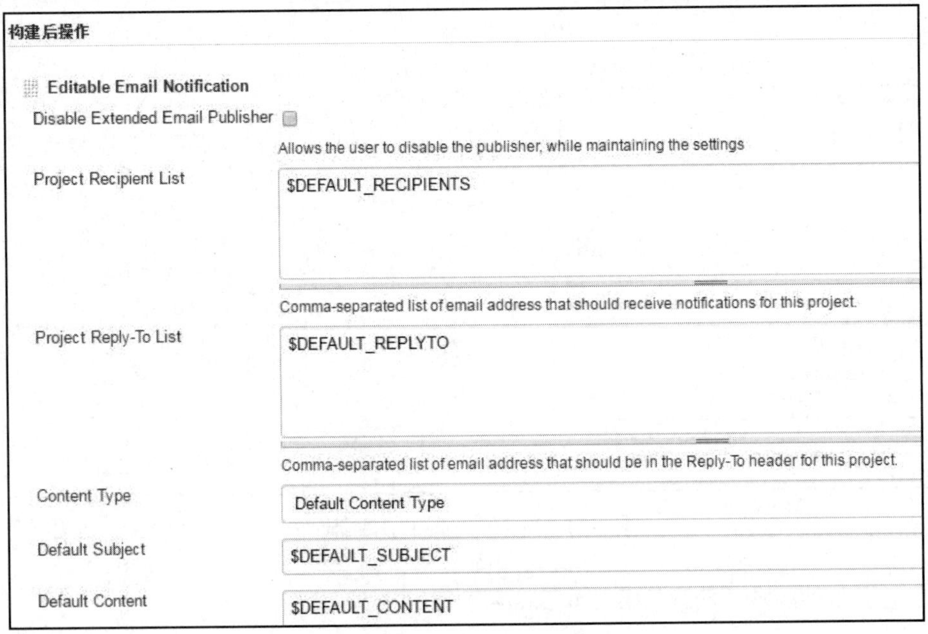

图 2-25　Jenkins Email job 邮件模板配置

（6）选择 Advanced Settings，设置 Trigger 阈值，选择发送邮件的触发器，默认触发器包括第一次构建、构建失败、总是发送邮件、构建成功等，一般选择 Always（总是发送邮件），发送给 Developers 组，如图 2-26 所示。

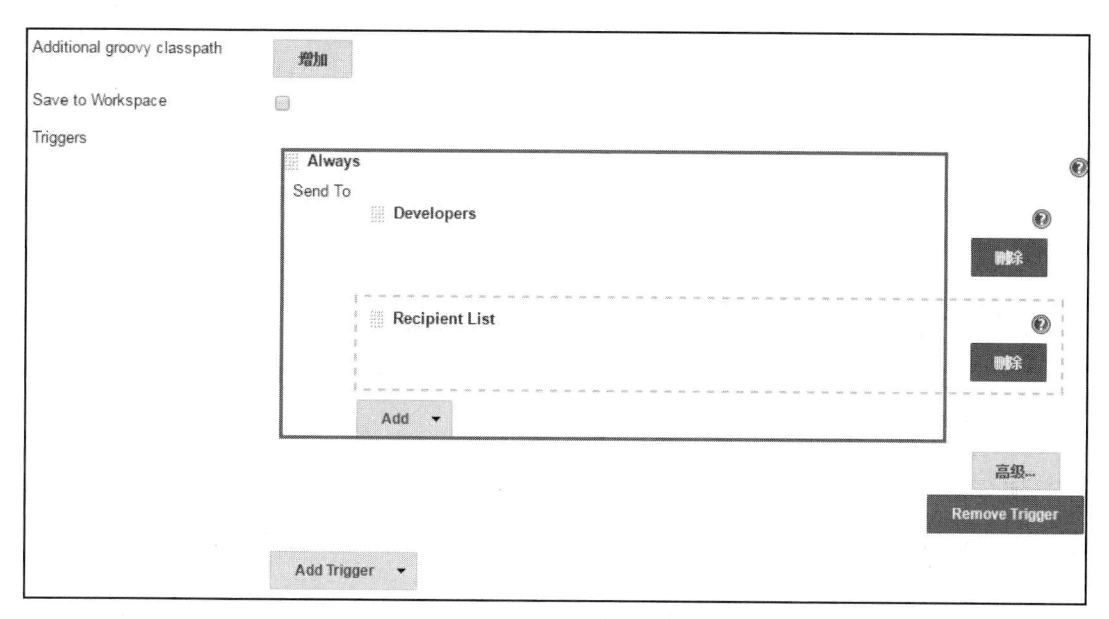

图 2-26 Jenkins Email 触发器设置

（7）Jenkins 构建邮件验证，如图 2-27 所示。

```
  已解压: doc/晒酷网-后台-1.2/resources/css/jquery-ui-themes.css
  已解压: doc/晒酷网-后台-1.2/start.html
  已解压: doc/TestResult.xlsx
  已解压: doc/悦分享_网络教育平台_1.0.2.docx
  已创建: META-INF/maven/
  已创建: META-INF/maven/com.shareku/
  已创建: META-INF/maven/com.shareku/edu/
  已解压: META-INF/maven/com.shareku/edu/pom.xml
  已解压: META-INF/maven/com.shareku/edu/pom.properties
+ cd /usr/local/tomcat2/
bash: 第 30 行:cd: /usr/local/tomcat2/: 没有那个文件或目录
+ rm -rf work
+ /bin/sh /usr/local/tomcat2//bin/startup.sh
/bin/sh: /usr/local/tomcat2//bin/startup.sh: 没有那个文件或目录
Build step 'Execute shell' marked build as failure
Archiving artifacts
Email was triggered for: Always
Sending email for trigger: Always
Sending email to: wgkgood@163.com
Finished: FAILURE
```

（a）Jenkins 构建报错触发邮件

图 2-27 Jenkins 构建邮件验证

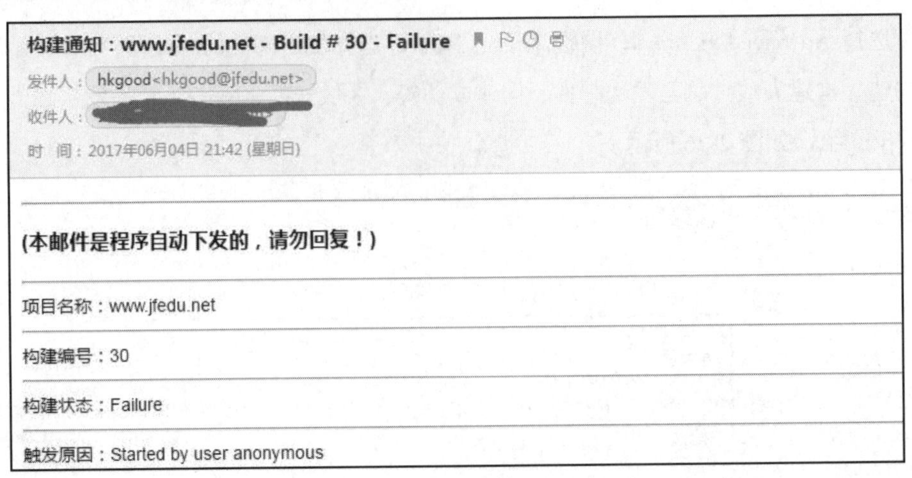

（b）Jenkins Email 邮件信息（1）

（c）Jenkins Email 邮件信息（2）

图 2-27 （续）

2.12 Jenkins 多实例配置

单台 Jenkins 服务器可以满足企业测试环境及生产环境使用 Jenkins 自动部署+测试平台，如果每天更新发布多个 Web 网站，Jenkins 需要同时处理很多任务。

基于 Jenkins 分布式（即多 Slave 方式）可以缓解 Jenkins 服务器的压力。Jenkins 多 Slave 架构如图 2-28 所示，可以在 Windows、Linux、macOS 等操作系统上执行 Slave。

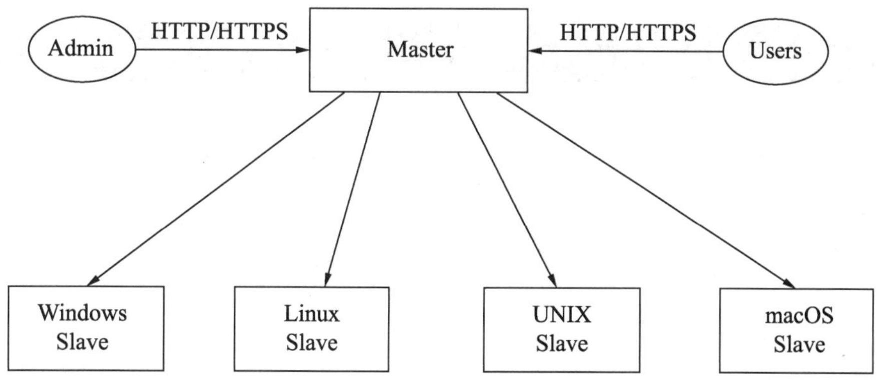

图 2-28　Jenkins 多 Slave 架构图

Jenkins 多 Slave 原理是将原本在 Jenkins Master 端的构建项目分配给 Slave 端去执行，Jenkins Master 分配任务时，Jenkins Master 端通过 SSH 远程控制 Slave，在 Slave 端启动 slave.jar 程序，通过 Slave.jar 实现对网站工程的构建编译以及自动部署。所以，在 Slave 端服务器必须安装 Java JDK 环境执行 Master 端分配的构建任务。配置多 Slave 服务器方法和步骤如下。

（1）在 Slave 服务器上创建远程执行 Jenkins 任务的用户，名称为 Jenkins，Jenkins 工作目录为/home/Jenkins，Jenkins Master 免密钥登录 Slave 服务器或者通过用户名和密码登录 Slave。

（2）Slave 服务器安装 Java JDK，并将其软件路径加入系统环境变量。

（3）Jenkins Master 端平台添加管理节点，在“系统管理”对话框中单击“管理节点”，然后单击“新建节点”，输入节点名称即可，如图 2-29 所示。

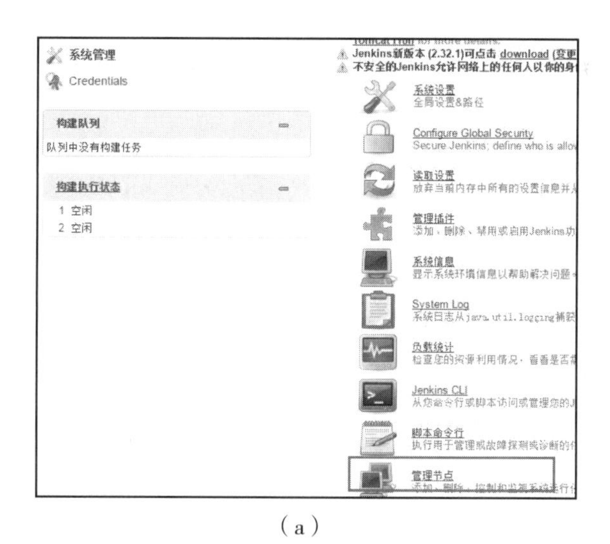

（a）

图 2-29　Jenkins Slave 配置

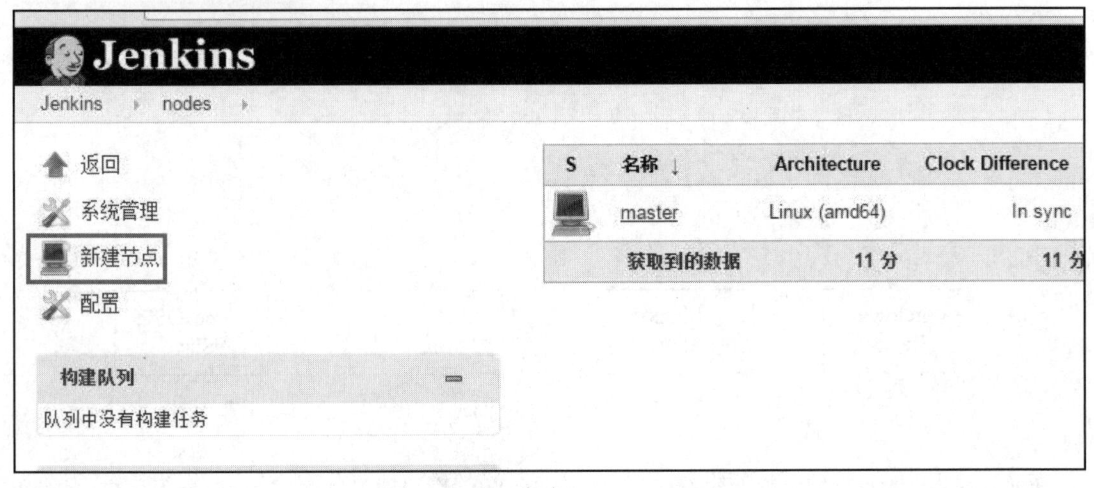

（b）

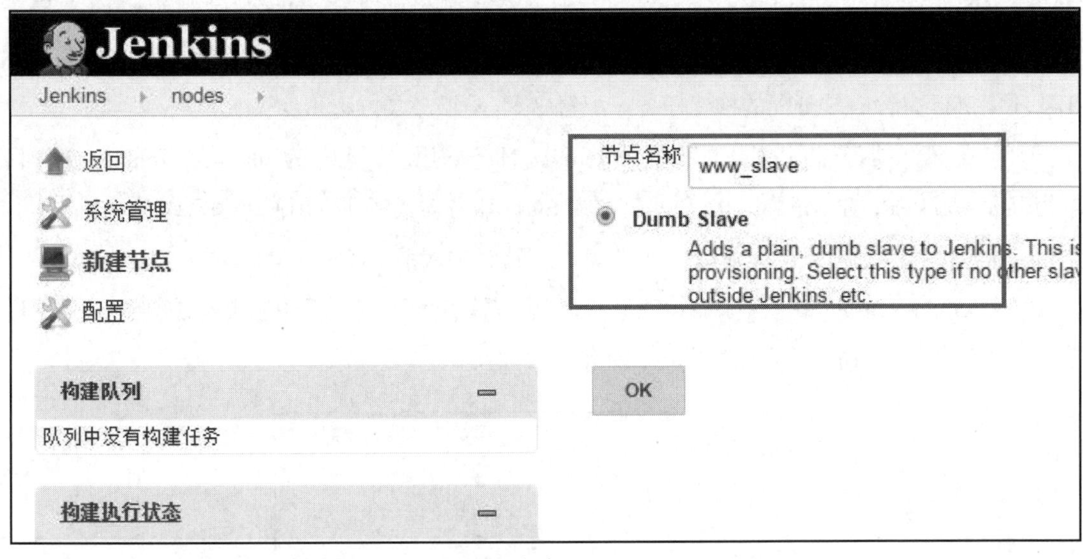

（c）

图 2-29 （续）

（4）配置 www_slave 节点，指定其 Jenkins 编译工作目录，设置 IP 地址，添加登录 Slave 用户名和密码，如图 2-30 所示。

（5）Jenkins Slave 配置完毕，查看 Slave 状态如图 2-31 所示。

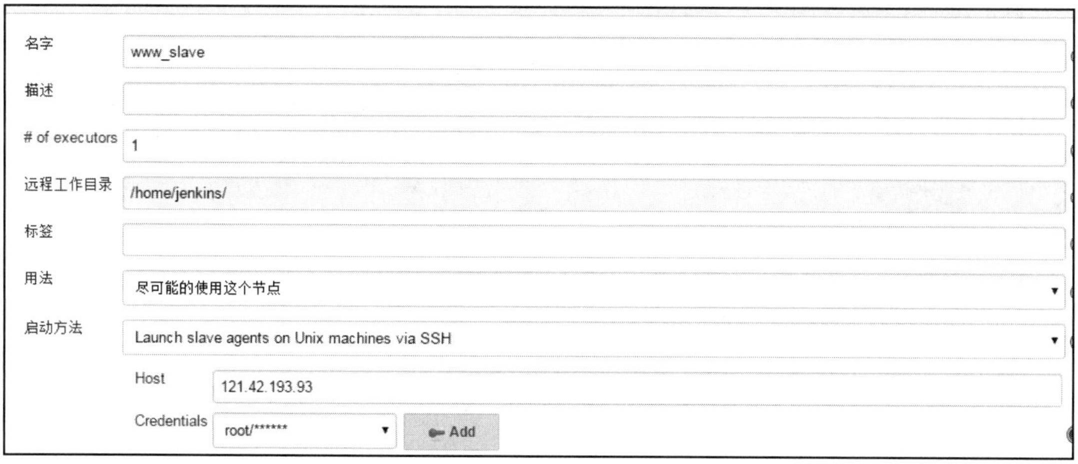

（a）

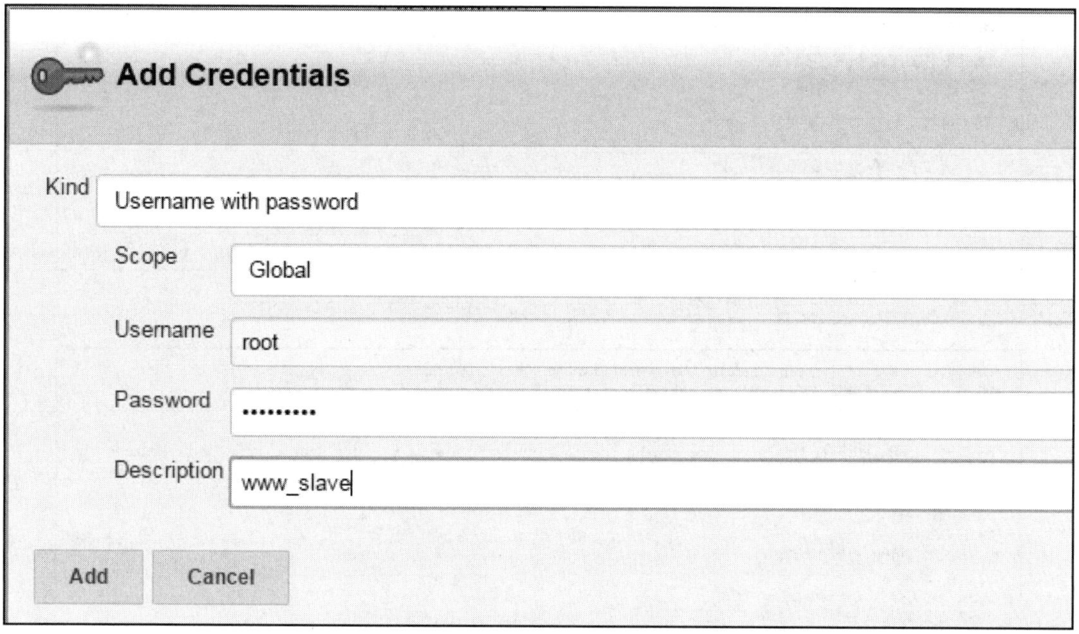

（b）

图 2-30　配置 www_slave 节点

（6）单击 www_slave 节点，然后选择 Launch slave agent，测试 Slave Agent 是否正常工作，如图 2-32 所示。

（7）出现如图 2-33 所示的提示，即证明 Slave 添加成功。

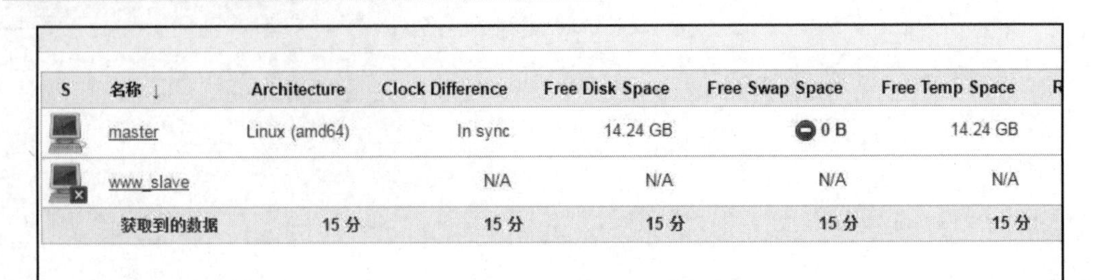

S	名称 ↓	Architecture	Clock Difference	Free Disk Space	Free Swap Space	Free Temp Space	R
	master	Linux (amd64)	In sync	14.24 GB	0 B	14.24 GB	
	www_slave		N/A	N/A	N/A	N/A	
	获取到的数据	15 分	15 分	15 分	15 分	15 分	

图 2-31 Jenkins Slave 状态信息

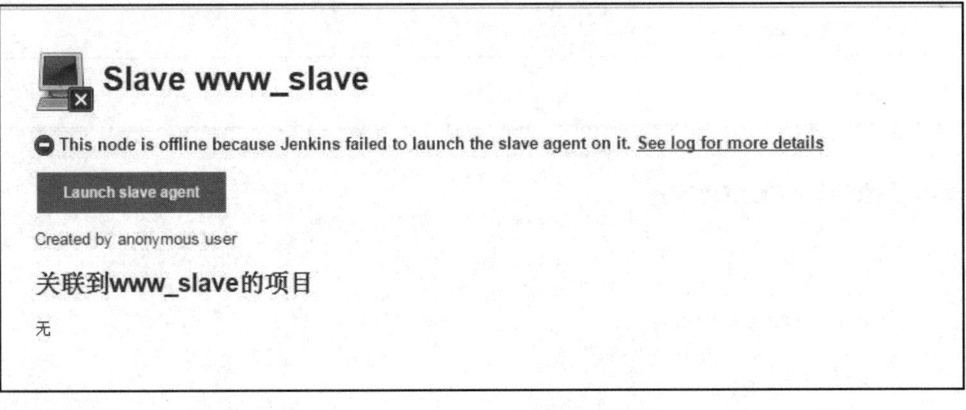

图 2-32 Jenkins Slave Agent 测试

```
[01/08/17 16:34:48] [SSH] Opening SSH connection to 121.42.183.93:22.
[01/08/17 16:34:48] [SSH] Authentication successful.
[01/08/17 16:34:48] [SSH] The remote users environment is:
BASH=/bin/bash
BASHOPTS=cmdhist:extquote:force_fignore:hostcomplete:interactive_comments:progcomp:promptvars:sourcepath
BASH_ALIASES=()
BASH_ARGC=()
BASH_ARGV=()
BASH_CMDS=()
BASH_EXECUTION_STRING=set
BASH_LINENO=()
BASH_SOURCE=()
BASH_VERSINFO=([0]="4" [1]="1" [2]="2" [3]="1" [4]="release" [5]="x86_64-redhat-linux-gnu")
BASH_VERSION='4.1.2(1)-release'
CVS_RSH=ssh
DIRSTACK=()
EUID=0
GROUPS=()
G_BROKEN_FILENAMES=1
HOME=/root
HOSTNAME=BeiJing-JFEDU-NET-WEB-001.COM
HOSTTYPE=x86_64
ID=0
IFS=$' \t\n'
LANG=en_US.UTF-8
```

（a）

图 2-33 Jenkins Slave 测试

```
PIPESTATUS=([0]="0")
PPID=5325
PS4='+ '
PWD=/root
SHELL=/bin/bash
SHELLOPTS=braceexpand:hashall:interactive-comments
SHLVL=1
SSH_CLIENT='139.224.227.121 21604 22'
SSH_CONNECTION='139.224.227.121 21604 121.42.183.93 22'
TERM=dumb
UID=0
USER=root
_=/etc/bashrc
[01/08/17 16:34:48] [SSH] Starting sftp client.
[01/08/17 16:34:48] [SSH] Remote file system root /home/jenkins does not exist. Will try to create it...
[01/08/17 16:34:48] [SSH] Copying latest slave.jar...
[01/08/17 16:34:51] [SSH] Copied 522,364 bytes.
Expanded the channel window size to 4MB
[01/08/17 16:34:51] [SSH] Starting slave process: cd "/home/jenkins" && /usr/java/jdk1.7.0_25/bin/java  -jar slave.jar
<===[JENKINS REMOTING CAPACITY]===>channel started
Slave.jar version: 2.57
This is a Unix slave
```

（b）

图 2-33　（续）

（8）配置完毕，Jenkins Master 通过 SSH 方式启动 Slave 的 slave.jar 脚本 java -jar slave.jar，Slave 等待 Master 端的任务分配，单击 www.jfedu.net，如图 2-34 所示。然后在接下来的界面中选择“立即构建”。

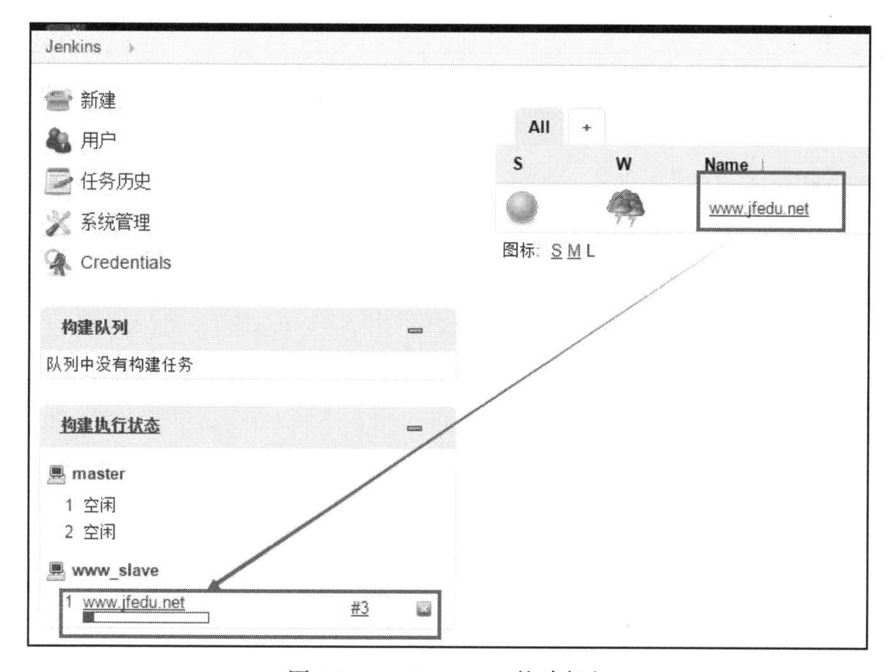

图 2-34　Jenkins Slave 构建任务

（9）Jenkins+Slave 配置完毕后，如果同时运行多个任务，会发现将只运行一个任务，其他任务在等待。需要怎么调整呢？需要配置 job 工程，勾选“在必要的时候并发构建”复选框即可，如图 2-35 所示。

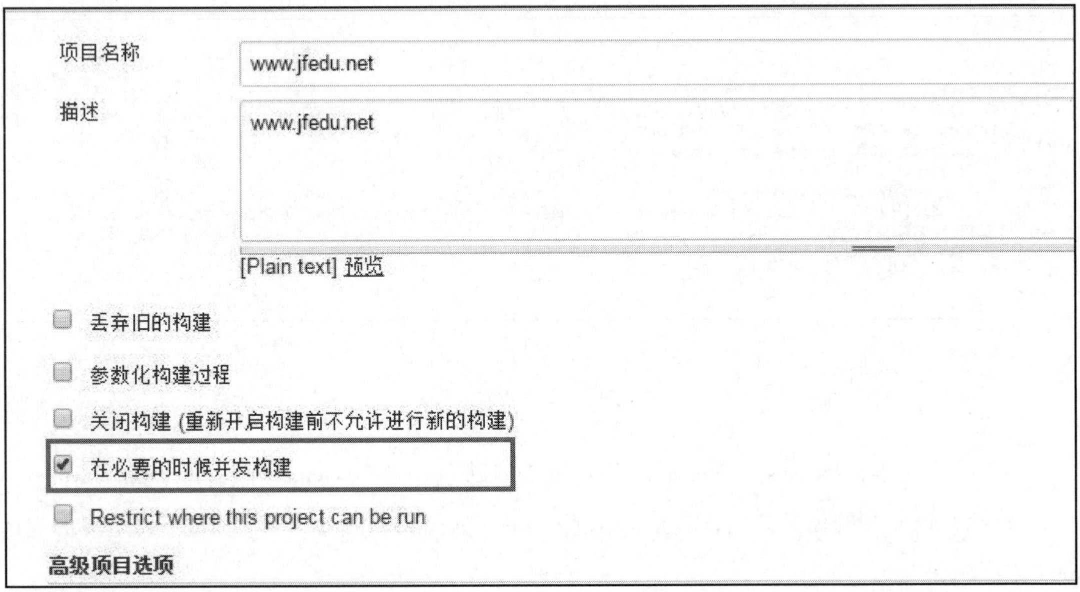

项目名称 www.jfedu.net
描述 www.jfedu.net
[Plain text] 预览
丢弃旧的构建
参数化构建过程
关闭构建 (重新开启构建前不允许进行新的构建)
在必要的时候并发构建
Restrict where this project can be run
高级项目选项

（a）

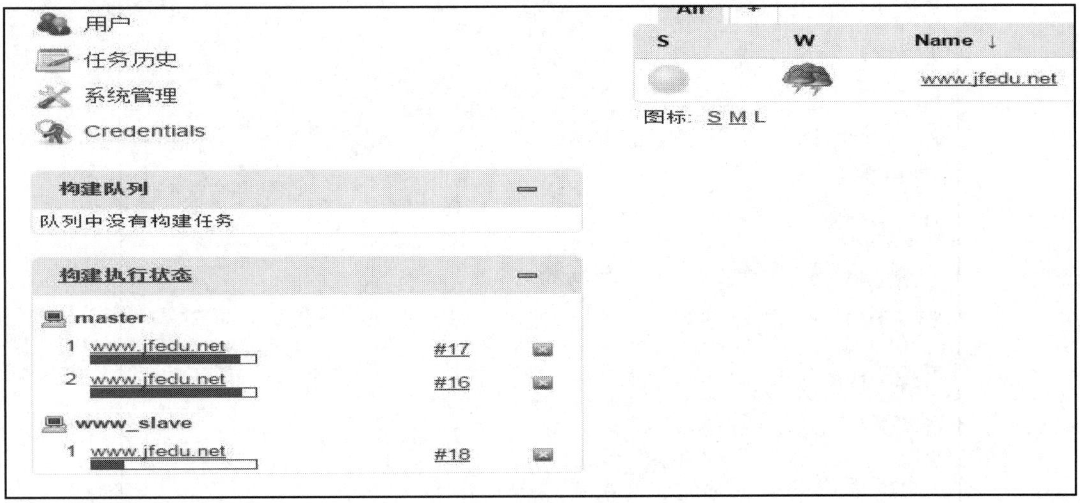

用户
任务历史
系统管理
Credentials
构建队列
队列中没有构建任务
构建执行状态
master
1 www.jfedu.net #17
2 www.jfedu.net #16
www_slave
1 www.jfedu.net #18
S W Name ↓
www.jfedu.net
图标: S M L

（b）

图 2-35 Jenkins Slave 构建多任务

2.13 Jenkins+Ansible 高并发构建

Jenkins 基于 Shell+for 循环方式自动部署 10 台以下的 Java 客户端服务器，效率是可以接受的，但是如果是大规模服务器需要部署或者更新网站，通过 for 循环串行执行的效率会大打折扣，所以需要考虑并行机制。

Ansible 是一款极为灵活的开源工具套件，能够大大简化 UNIX 管理员的自动化配置管理与流程控制方式。它利用推送方式对客户系统加以配置，这样所有工作都可在主服务器端完成。使用 Ansible+Jenkins 架构方式实现网站自动部署，可满足上百台、甚至上千台服务器的网站部署和更新。

Ansible 服务需要部署在 Jenkins 服务器上，客户端服务器无须安装 Ansible。Ansible 基于 SSH 工作，所以需提前设置好免密钥或者通过 sudo 用户远程更新网站。此处省略 Ansible 安装方法，Ansible 相关知识请参考本书 Ansible 配置章节。

Ansible 自动部署网站有两种方式，一种是基于 Ansible 远程执行 Shell 脚本，另外一种是 Ansible 编写 Playbook 剧本，实现网站自动部署。以下为 Ansible+Shell 脚本方式自动部署网站的方法。

（1）Jenkins 服务器安装 Ansible 软件，Red Hat、CentOS 操作系统可以直接基于 YUM 工具自动安装 Ansible，CentOS 6.x 或者 CentOS 7.x 操作系统安装前，需先安装 epel 扩展源，代码如下：

```
rpm -Uvh http://mirrors.ustc.edu.cn/fedora/epel/6/x86_64/epel-release-
6-8.noarch.rpm
yum  install  epel-release  -y
yum  install  ansible      -y
```

（2）添加客户端服务器，在/etc/ansible/hosts 中添加需要部署的客户端 IP 列表，代码如下：

```
 [www_jfedu]
139.199.228.59
139.199.228.60
139.199.228.61
139.199.228.62
```

（3）在 Jenkins 平台首页单击 www.jfedu.net 项目，选择“配置”，再单击 Post Steps，选择 Execute shell，在 Command 中输入如下代码，www_jfedu 为 Ansible Hosts 组模块名称。

```
cp  /root/.jenkins/workspace/www.jfedu.net/target/edu.war  /root/.jenkins/
jobs/www.jfedu.net/builds/lastSuccessfulBuild/archive/target/
ansible www_jfedu  -m  copy -a  "src=/data/sh/auto_deploy.sh
dest=/tmp/"
ansible www_jfedu  -m  shell -a  "cd /tmp ;/bin/bash auto_deploy.sh"
```

（4）Jenkins 服务器端/data/sh/auto_deploy.sh Shell 脚本内容如下：

```
#!/bin/bash
#Auto deploy Tomcat for jenkins
#By author jfedu.net 2021
export JAVA_HOME=/usr/java/jdk1.6.0_25
TOMCAT_PID=`/usr/sbin/lsof -n  -P  -t  -i  :8081`
TOMCAT_DIR="/usr/local/tomcat/"
FILES="edu.war"
DES_DIR="/usr/local/tomcat/webapps/ROOT/"
DES_URL="http://139.224.227.121:7001/job/www.jfedu.net/lastSuccessfulBuild/
artifact/target/"
BAK_DIR="/export/backup/`date +%Y%m%d-%H%M`"
[ -n "$TOMCAT_PID" ] && kill -9 $TOMCAT_PID
cd $DES_DIR
rm -rf $FILES
mkdir -p $BAK_DIR;\cp -a $DES_DIR/* $BAK_DIR/
rm -rf $DES_DIR/*
wget $DES_URL/$FILES
/usr/java/jdk1.6.0_25/bin/jar  -xvf  $FILES
####################
cd $TOMCAT_DIR;rm -rf work
/bin/sh $TOMCAT_DIR/bin/start.sh
sleep 10
tail -n 50 $TOMCAT_DIR/logs/catalina.out
```

（5）单击 www.jfedu.net 构建任务，查看控制台信息，如图 2-36 所示。

```
[www.jfedu.net] $ /bin/sh -xe /usr/local/tomcat_jenkins/temp/hudson2957878034347171274.sh
+ cp /root/.jenkins/workspace/www.jfedu.net/target/edu.war /root/.jenkins/jobs/www.jfedu.net/builds/lastSuccessfu
+ ansible www_jfedu -m copy -a 'src=/data/sh/auto_deploy.sh dest=/tmp/'
/usr/lib/python2.6/site-packages/cryptography-1.7.1-py2.6-linux-x86_64.egg/cryptography/__init__.py:26: Deprecati
supported by the Python core team, please upgrade your Python. A future version of cryptography will drop support
  DeprecationWarning
139.199.228.59 | SUCCESS => {
    "changed": true,
    "checksum": "2ee998fb7ef482a498f1a312db913cce3e0d821b",
    "dest": "/tmp/auto_deploy.sh",
    "gid": 0,
    "group": "root",
    "md5sum": "5271b4d091746545353f79a96207a16b",
    "mode": "0644",
    "owner": "root",
    "size": 715,
    "src": "/root/.ansible/tmp/ansible-tmp-1496587744.11-232708497021134/source",
    "state": "file",
    "uid": 0
}
+ ansible www_jfedu -m shell -a 'cd /tmp ;/bin/bash auto_deploy.sh'
/usr/lib/python2.6/site-packages/cryptography-1.7.1-py2.6-linux-x86_64.egg/cryptography/__init__.py:26: Deprecati
supported by the Python core team, please upgrade your Python. A future version of cryptography will drop support
  DeprecationWarning
```

（a）

图 2-36　Jenkins Ansible 自动部署

```
24700K .......... .......... .......... .......... .......... 97%  246K 2s
24750K .......... .......... .......... .......... .......... 98%  297K 2s
24800K .......... .......... .......... .......... .......... 98%  291K 2s
24850K .......... .......... .......... .......... .......... 98%  248K 1s
24900K .......... .......... .......... .......... .......... 98%  297K 1s
24950K .......... .......... .......... .......... .......... 98%  251K 1s
25000K .......... .......... .......... .......... .......... 99%  362K 1s
25050K .......... .......... .......... .......... .......... 99%  251K 1s
25100K .......... .......... .......... .......... .......... 99%  247K 1s
25150K .......... .......... .......... .......... .......... 99%  297K 0s
25200K .......... .......... .......... .......... .......... 99%  296K 0s
25250K .......... .......... .......... .......... ...       100%  259K=94s

2017-06-04 22:50:42 (270 KB/s) - 已保存 “edu.war” [25900686/25900686])
Archiving artifacts
Email was triggered for: Always
Sending email for trigger: Always
Sending email to: wgkgood@163.com
Finished: SUCCESS
```

（b）

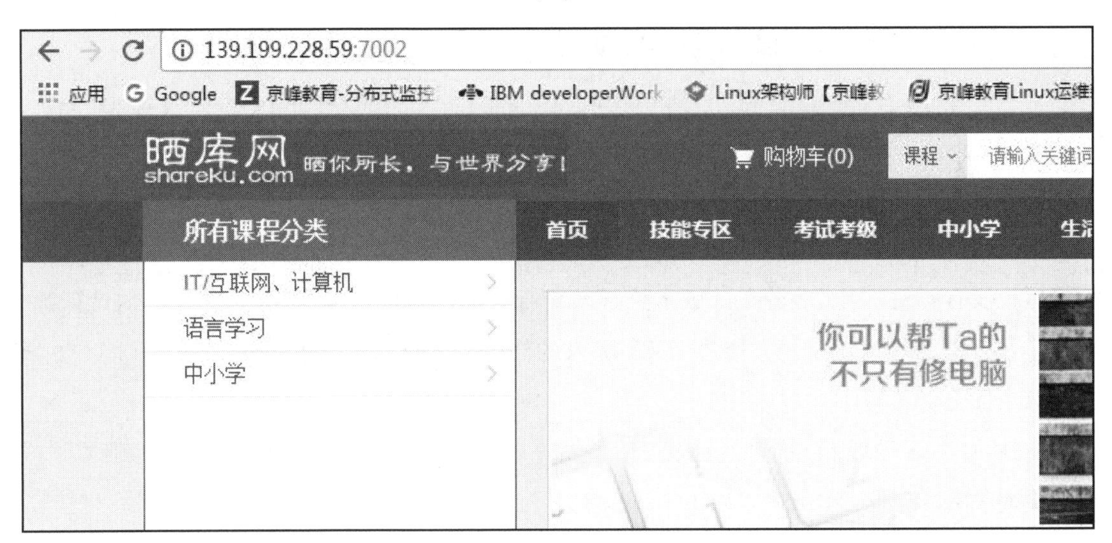

（c）

图 2-36 （续）

第 3 章 SVN 版本管理实战

3.1 Subversion 服务器简介

Subversion（简称 SVN）是一个自由、开源的版本控制系统。

在实际使用分布式版本控制系统的时候，其实很少在两台计算机之间推送版本库的修改，这两台计算机因为可能不在一个局域网内而互相访问不了，也可能今天你的同事病了，他的计算机压根没有开机。因此，分布式版本控制系统通常也有一台充当“中央服务器”的计算机，但这个服务器的作用仅仅是方便“交换”大家的修改，没有它大家也一样工作，只是不方便交换修改而已。

在 Subversion 管理下，文件和目录可以超越时空。Subversion 允许数据恢复到早期版本，或者是检查数据修改的历史。正因为如此，许多人将版本控制系统当作一种神奇的“时间机器”。

Subversion 的版本库可以通过网络访问，从而使用户可以在不同的计算机上进行操作。从某种程度上来说，允许用户在各自的空间里修改和管理同一组数据可以促进团队协作。因为修改不再是单线进行，开发速度会更快。

此外，由于所有的工作都已经版本化，也就不必担心由于错误的更改而影响软件质量问题，即使出现不正确的更改，只要撤销那一次更改操作（回滚）即可。

3.2 Subversion 的功能特性

Subversion 版本库有如下特点：

（1）版本化的目录。CVS 只能跟踪单个文件的变更历史，但是 Subversion 实现的“虚拟”版本化文件系统可以跟踪目录树的变更。在 Subversion 中，文件和目录都是版本化的。

（2）真实的版本历史。由于只能跟踪单个文件的变更，CVS 无法支持如文件复制和改名这些常见的操作——这些操作改变了目录的内容。同样地，在 CVS 中，一个目录下的文件只要名字相同即拥有相同的历史，即使这些同名文件在历史上毫无关系。而在 Subversion 中，可以对文件或目录进行增加、复制和改名操作，也解决了同名而无关的文件之间的历史联系问题。

（3）原子提交。一系列相关的更改，要么全部提交到版本库，要么一个也不提交。这样用户就可以将相关的更改组成一个逻辑整体，防止出现只有部分修改提交到版本库的情况。

（4）版本化的元数据。每一个文件和目录都有自己的一组属性——键和对应的值。可以根据需要建立并存储任何键/值对。和文件本身的内容一样，属性也在版本控制之下。

（5）可选的网络层。Subversion 在版本库访问的实现上具有较高的抽象程度，有利于人们实现新的网络访问机制。Subversion 可以作为一个扩展模块嵌入 Apache。这种方式在稳定性和交互性方面有很大的优势，可以直接使用服务器的成熟技术——认证、授权和传输压缩等。此外，Subversion 自身也实现了一个轻型的、可独立运行的服务器软件，这个服务器使用了一个自定义协议，可以轻松使用 SSH 封装。

（6）一致的数据操作。Subversion 用一个二进制差异算法描述文件的变化，对文本（可读）和二进制（不可读）文件的操作方式一致。这两种类型的文件压缩存储在版本库中，而差异信息则在网络上双向传递。

（7）高效的分支和标签操作。在 Subversion 中，分支与标签操作的开销与工程的大小无关。Subversion 的分支和标签操作只是一种类似于硬链接的机制复制整个工程。因而，这些操作通常只会花费很少且相对固定的时间。

（8）可修改性。Subversion 没有历史负担，它以一系列优质的共享 C 程序库的方式实现，具有定义良好的 API。这使得 Subversion 非常容易维护，和其他语言的互操作性很强。

3.3　Subversion 的架构剖析

如图 3-1 所示，一端是保存所有版本数据的 Subversion 版本库，另一端是 Subversion 的客户程序，管理着所有版本数据的本地影射（称为“工作拷贝”），在这两极之间是各种各样的版本库访问（RA）层，某些通过网络服务器访问版本库，某些则绕过网络服务器直接访问版本库。

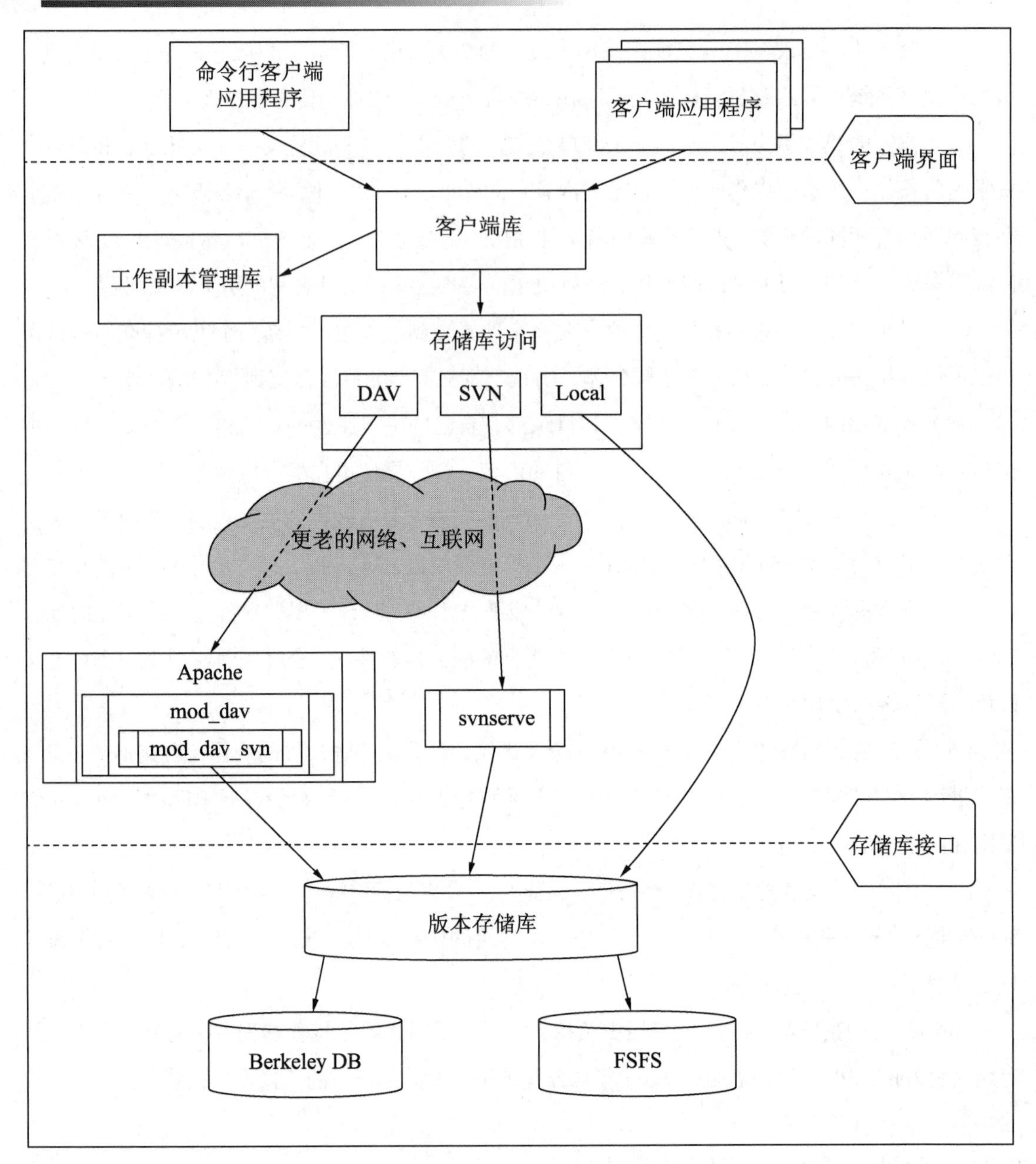

图 3-1 Subversion 拓扑结构图

Subversion 版本管理主要以文件变更列表的方式存储信息，Subversion 将保存的信息看作一组基本文件和每个文件随时间逐步累积的差异，如图 3-2 所示。

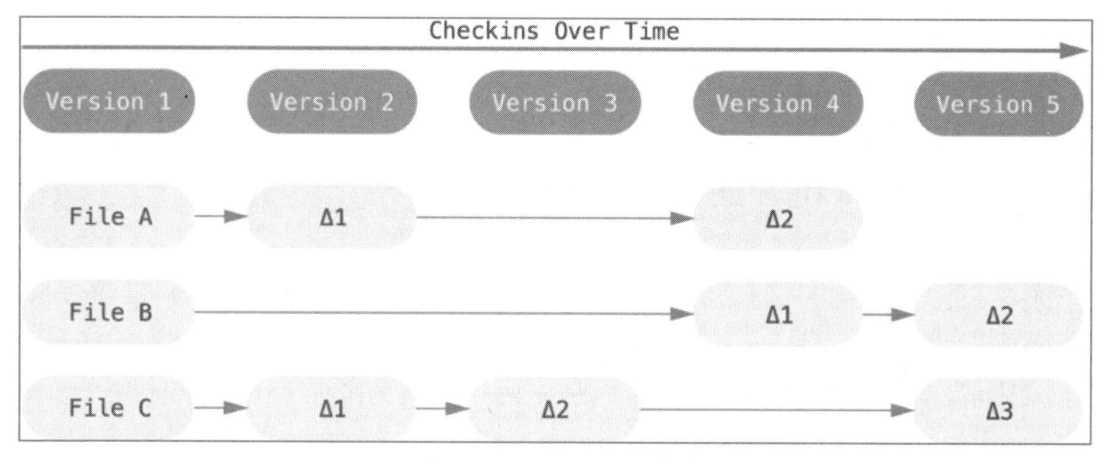

图 3-2　Subversion 版本管理

3.4　Subversion 的组件模块

Subversion 由以下几部分组成。

（1）svn。

命令行客户端程序。

（2）svnversion。

用来显示工作拷贝的状态（即当前项目的修订版本）。

（3）svnlook。

直接查看 Subversion 版本库的工具。

（4）svnadmin。

建立、调整和修复 Subversion 版本库的工具。

（5）svndumpfilter。

过滤 Subversion 版本库转储数据流的工具。

（6）mod_dav_svn。

Apache HTTP 服务器的插件，使版本库可以通过网络访问。

（7）svnserve。

单独运行的服务器程序，可以作为守护进程或由 SSH 调用。这是另一种使版本库可以通过网络访问的方式。

（8）svnsync。

通过网络增量镜像版本库的程序。

3.5 Subversion 分支概念剖析

假设你的工作是维护本公司一个部门的手册文档，一天，另一个部门需要近乎相同的手册，但一些地方会有区别，因为他们部分需求不同。

这种情况下你会怎样做？显而易见的方法是：做一个版本的拷贝，然后分别维护两个版本，需要时在对应的版本进行更改即可。

你也许希望在两个版本同时作修改，举个例子，你在第一个版本发现了一个拼写错误，很显然这个错误也会出现在第二个版本里。毕竟两份文档几乎相同，只有特定的微小区别。

这是分支的基本概念——正如它的名字，开发的一条线独立于另一条线，如果回顾历史，可以发现两条线分享共同的历史，一个分支总是从一个备份开始的，然后发展自己独有的历史。

Subversion 允许并行维护文件和目录的分支，允许通过复制数据建立分支。注意，分支互相联系，它从一个分支复制修改到另一个分支。最终，它可以让工作拷贝反映到不同的分支上，所以日常工作中可以“混合和比较”不同的开发线。

3.6 基于 YUM 构建 SVN 服务器

（1）基于 CentOS 7.x Linux，通过 YUM 安装 Subversion，操作指令如下：

```
yum install subversion -y
```

（2）建立版本库目录，操作指令如下：

```
mkdir -p /data/svn/
```

（3）建立 SVN 版本库，操作指令如下：

```
svnadmin create /data/svn
```

（4）修改版本库配置文件，在/data/svn/conf/svnserve.conf 文件中加入如下代码：

```
cat>/data/svn/conf/svnserve.conf<<EOF
[general]
#使非授权用户无法访问
anon-access = none
##使授权用户有写权限
```

```
auth-access = write
##指明密码文件路径
password-db = passwd
##访问控制文件
authz-db = authz
##认证命名空间,Subversion 会在认证提示里显示,并作为凭证缓存的关键字
realm = /data/svn
EOF
```

（5）配置用户及权限，修改/data/svn/conf/passwd，添加两个用户访问 SVN 服务端，操作方法和指令如下：

```
cat>/data/svn/conf/passwd<<EOF
[users]
jfedu1 = 123456
jfedu2 = 123456
EOF
```

（6）配置用户及权限，修改/data/svn/conf/authz，添加两个用户访问 SVN 服务端，操作方法和指令如下：

```
cat>/data/svn/conf/authz<<EOF
[/]
jfedu1 = rw
jfedu2 = rw
EOF
```

（7）启动 Subversion 服务并设置系统服务，操作指令如下：

```
svnserve -d -r /data/svn/ --listen-port=8001
```

（8）查看本地 8001 端口是否启动，操作指令如下：

```
netstat -ntl|grep 8001
```

（9）SVN 平台部署成功，可以在客户端使用 SVN 如下指令，所有操作如图 3-3 所示。

```
svn co svn://101.34.116.235:8001/
```

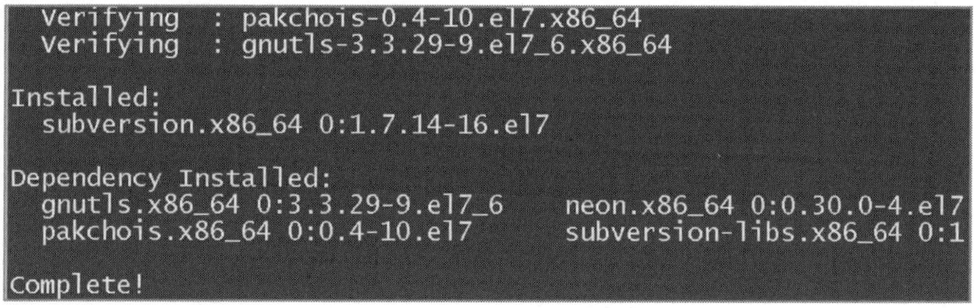

```
  Verifying  : pakchois-0.4-10.el7.x86_64
  Verifying  : gnutls-3.3.29-9.el7_6.x86_64

Installed:
  subversion.x86_64 0:1.7.14-16.el7

Dependency Installed:
  gnutls.x86_64 0:3.3.29-9.el7_6     neon.x86_64 0:0.30.0-4.el7
  pakchois.x86_64 0:0.4-10.el7       subversion-libs.x86_64 0:1

Complete!
```

（a）

图 3-3　在客户端使用 SVN 命令

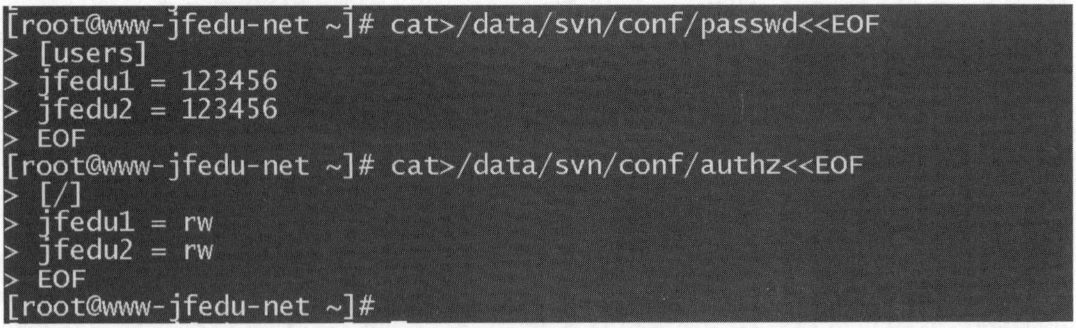

```
[root@www-jfedu-net ~]# cat>/data/svn/conf/passwd<<EOF
> [users]
> jfedu1 = 123456
> jfedu2 = 123456
> EOF
[root@www-jfedu-net ~]# cat>/data/svn/conf/authz<<EOF
> [/]
> jfedu1 = rw
> jfedu2 = rw
> EOF
[root@www-jfedu-net ~]#
```

（b）

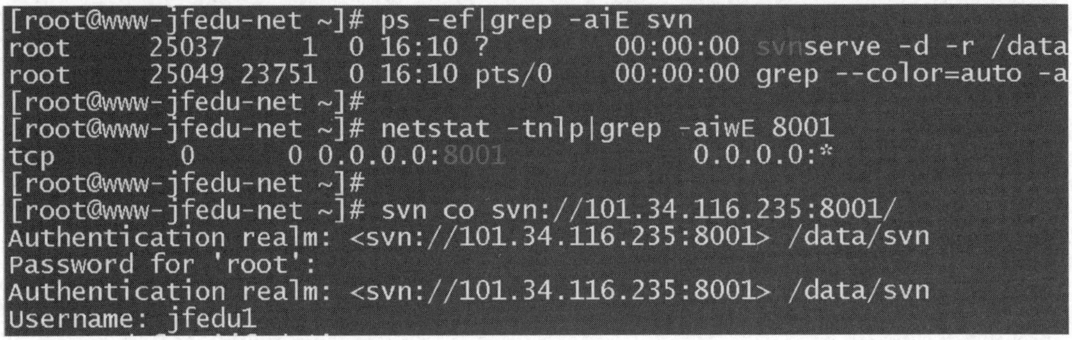

```
[root@www-jfedu-net ~]# ps -ef|grep -aiE svn
root     25037     1  0 16:10 ?        00:00:00 svnserve -d -r /data
root     25049 23751  0 16:10 pts/0    00:00:00 grep --color=auto -a
[root@www-jfedu-net ~]#
[root@www-jfedu-net ~]# netstat -tnlp|grep -aiwE 8001
tcp        0      0 0.0.0.0:8001            0.0.0.0:*
[root@www-jfedu-net ~]#
[root@www-jfedu-net ~]# svn co svn://101.34.116.235:8001/
Authentication realm: <svn://101.34.116.235:8001> /data/svn
Password for 'root':
Authentication realm: <svn://101.34.116.235:8001> /data/svn
Username: jfedu1
```

（c）

图 3-3 （续）

3.7 SVN 二进制+Apache 整合实战

（1）安装 httpd 软件包，操作指令如下：

```
yum install httpd httpd-devel mod_dav_svn -y
```

（2）检测 SVN 和 Apache 整合模块是否安装成功，操作指令如下：

```
ls -l/etc/httpd/modules/ | grep svn
```

（3）修改 httpd 主配置文件/etc/httpd/conf/httpd.conf，加入如下代码：

```
LoadModule dav_module modules/mod_dav.so
LoadModule dav_svn_module modules/mod_dav_svn.so
```

（4）修改 httpd 主配置文件，末行添加如下代码：

```
<Location /svn>
     DAV svn
```

```
        SVNPath /data/svn
        AuthType Basic
        AuthName "svn for project"
        AuthUserFile  /etc/httpd/conf/passwd
        AuthzSVNAccessFile /data/svn/conf/authz
        Satisfy all
        Require valid-user
</Location>
```

（5）生成 HTTP 访问密钥，操作指令如下：

```
htpasswd -c /etc/httpd/conf/passwd jfedu1
htpasswd /etc/httpd/conf/passwd jfedu2
```

（6）重启 Apache httpd 服务，操作指令如下：

```
service httpd restart
```

（7）如果没有权限，需要授权给/data/svn 目录，操作指令如下：

```
chown -R  apache /data/svn
```

（8）根据如上操作，SVN 和 Apache 整合成功，通过浏览器访问 SVN，输入用户名和密码，如图 3-4 所示。

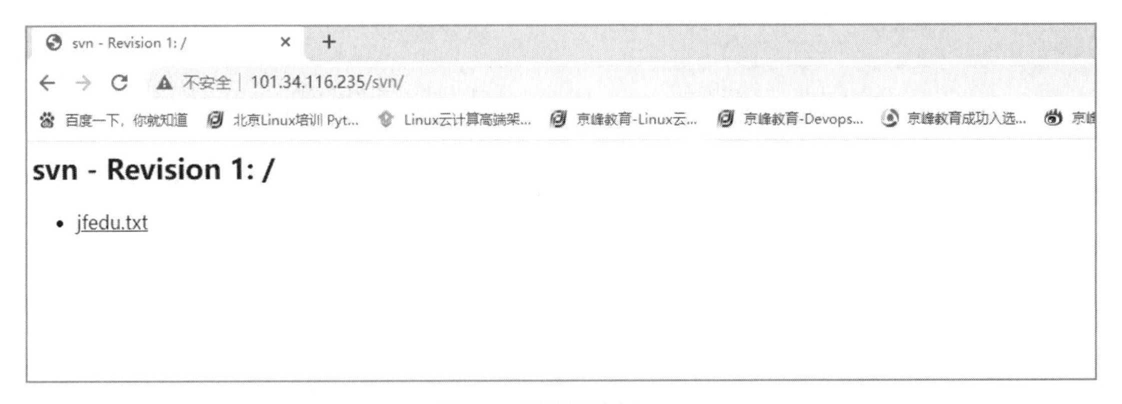

图 3-4　浏览器访问 SVN

3.8　基于 MAKE 构建 SVN 服务器

（1）基于 CentOS 7.x Linux，通过 MAKE 源码编译安装 Subversion，操作指令如下：

```
#下载 SVN 相关软件包
wget https://archive.apache.org/dist/subversion/subversion-1.8.9.tar.bz2
```

```
wget http://www.sqlite.org/sqlite-amalgamation-3071502.zip
wget https://mirrors.cnnic.cn/apache/httpd/httpd-2.4.37.tar.gz
#解压 SVN 软件包
tar -xzvf subversion-1.8.9.tar.bz2
unzip sqlite-amalgamation-3071502.zip
mv sqlite-amalgamation-3071502  subversion-1.8.9/sqlite-amalgamation
#切换至 SVN 源代码包
cd subversion-1.8.9
#SVN 预编译（提前编译安装 Apache）
./configure --prefix=/usr/local/subversion --with-apxs=/usr/local/apache/
bin/apxs --enable-mod-activation
#Apache 预编译参数
#./configure --prefix=/usr/local/apache/ --enable--so --enable-dav
--enable-maintainer-mode --enable-rewrite
#编译
make
#安装
make install
```

（2）在/etc/profile 添加如下内容，操作指令如下：

```
cat>>/etc/profile<<EOF
export PATH = /usr/local/subversion/bin:\$PATH
EOF
source /etc/profile
```

（3）安装完成后，查看 SVN 版本信息是否已经安装，操作指令如下：

```
/usr/local/subversion/bin/svn --version
svn --version
```

（4）建立版本库目录，操作指令如下：

```
mkdir -p /data/svn/
```

（5）建立 SVN 版本库，操作指令如下：

```
svnadmin create /data/svn
```

（6）修改版本库配置文件，在/data/svn/conf/svnserve.conf 文件中加入如下代码：

```
cat>/data/svn/conf/svnserve.conf<<EOF
[general]
#使非授权用户无法访问
```

```
anon-access = none
##使授权用户有写权限
auth-access = write
##指明密码文件路径
password-db = passwd
##访问控制文件
authz-db = authz
##认证命名空间,Subversion 会在认证提示里显示,并作为凭证缓存的关键字
realm = /data/svn
EOF
```

（7）配置用户及权限，修改/data/svn/conf/passwd，添加两个用户访问 SVN 服务端，操作方法和指令如下：

```
cat>/data/svn/conf/passwd<<EOF
[users]
jfedu1 = 123456
jfedu2 = 123456
EOF
```

（8）配置用户及权限，修改/data/svn/conf/authz，添加两个用户访问 SVN 服务端，操作方法和指令如下：

```
cat>/data/svn/conf/authz<<EOF
[/]
jfedu1 = rw
jfedu2 = rw
EOF
```

（9）启动 Subversion 服务并设置系统服务，操作指令如下：

```
svnserve -d -r /data/svn/ --listen-port=8001
```

（10）查看本地 8001 端口有没有启动，操作指令如下：

```
netstat -ntl|grep 8001
```

（11）SVN 平台部署成功，可以在客户端使用 SVN 如下指令，所有操作如图 3-5 所示。

```
svn co svn://101.34.116.235:8001/
```

```
  Verifying  : pakchois-0.4-10.el7.x86_64
  Verifying  : gnutls-3.3.29-9.el7_6.x86_64

Installed:
  subversion.x86_64 0:1.7.14-16.el7

Dependency Installed:
  gnutls.x86_64 0:3.3.29-9.el7_6      neon.x86_64 0:0.30.0-4.el7
  pakchois.x86_64 0:0.4-10.el7        subversion-libs.x86_64 0:1

Complete!
```

（a）

```
[root@www-jfedu-net ~]# cat>/data/svn/conf/passwd<<EOF
> [users]
> jfedu1 = 123456
> jfedu2 = 123456
> EOF
[root@www-jfedu-net ~]# cat>/data/svn/conf/authz<<EOF
> [/]
> jfedu1 = rw
> jfedu2 = rw
> EOF
[root@www-jfedu-net ~]#
```

（b）

```
[root@www-jfedu-net ~]# ps -ef|grep -aiE svn
root     25037     1  0 16:10 ?        00:00:00 svnserve -d -r /data
root     25049 23751  0 16:10 pts/0    00:00:00 grep --color=auto -a
[root@www-jfedu-net ~]#
[root@www-jfedu-net ~]# netstat -tnlp|grep -aiwE 8001
tcp        0      0 0.0.0.0:8001            0.0.0.0:*
[root@www-jfedu-net ~]#
[root@www-jfedu-net ~]# svn co svn://101.34.116.235:8001/
Authentication realm: <svn://101.34.116.235:8001> /data/svn
Password for 'root':
Authentication realm: <svn://101.34.116.235:8001> /data/svn
Username: jfedu1
```

（c）

图 3-5　在客户端使用 SVN 命令

3.9 SVN 源码+Apache 整合实战

（1）复制 SVN 模块至 Apache modules 模块目录（如果 httpd.conf 配置文件存在，无须添加以下代码）。

```
cp /usr/local/subversion/libexec/mod_dav_svn.so /usr/local/apache/modules/
cp /usr/local/subversion/libexec/mod_authz_svn.so /usr/local/apache/modules/
```

（2）修改 httpd.conf 配置文件/usr/local/apache/conf/httpd.conf，添加如下代码：

```
LoadModule dav_module modules/mod_dav.so
LoadModule dav_svn_module modules/mod_dav_svn.so
```

（3）在 httpd.conf 配置文件末行添加如下代码：

```
<Location /svn>
        DAV svn
        SVNPath /data/svn
        AuthType Basic
        AuthName "svn for project"
        AuthUserFile  /data/svn/conf/.passwd
        AuthzSVNAccessFile /data/svn/conf/authz
        Satisfy all
        Require valid-user
</Location>
```

（4）生成 HTTP 访问密钥，操作指令如下：

```
/usr/local/apache/bin/htpasswd -c /data/svn/conf/.passwd jfedu1
/usr/local/apache/bin/htpasswd  /data/svn/conf/.passwd jfedu2
```

（5）重启 Apache httpd 服务，操作指令如下：

```
/usr/local/apache/bin/apachectl restart
```

（6）如果没有权限，需要授权给/data/svn 目录，操作指令如下：

```
chown -R  apache /data/svn
```

（7）SVN 和 Apache 整合成功，通过浏览器访问 SVN，输入用户名和密码，如图 3-6 所示。

图 3-6　通过浏览器访问 SVN

3.10 Subversion 客户端命令实战

作为运维人员，要想维护好 SVN 服务器，必须掌握常见的 SVN 操作指令，以下为常见的 SVN 操作指令和含义详解。

（1）迁出 SVN 代码至 www 目录，操作指令如下：

```
svn  co  svn://101.34.116.235:8001/ www
svn  co  http://106.12.133.186/svn/ www
```

（2）创建文件并添加和提交，如图 3-7 所示。

```
svn add jfedu1.txt jfedu2.txt
svn commit -m v1
```

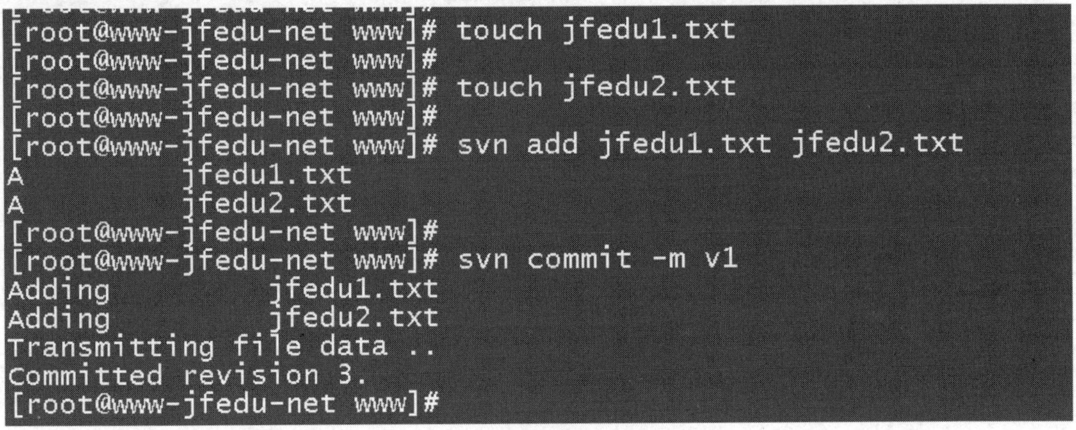

```
[root@www-jfedu-net www]# touch jfedu1.txt
[root@www-jfedu-net www]#
[root@www-jfedu-net www]# touch jfedu2.txt
[root@www-jfedu-net www]#
[root@www-jfedu-net www]# svn add jfedu1.txt jfedu2.txt
A         jfedu1.txt
A         jfedu2.txt
[root@www-jfedu-net www]#
[root@www-jfedu-net www]# svn commit -m v1
Adding         jfedu1.txt
Adding         jfedu2.txt
Transmitting file data ..
Committed revision 3.
[root@www-jfedu-net www]#
```

图 3-7　SVN 服务器提交文件

（3）从 SVN 服务器更新软件至本地目录，如图 3-8 所示。

```
svn up
```

（4）增加本地所有修改，操作指令如下：

```
svn add . --no-ignore --force
```

（5）提交本地所有修改，操作指令如下，如图 3-9 所示。

```
svn commit . -m vv1 --force-log
```

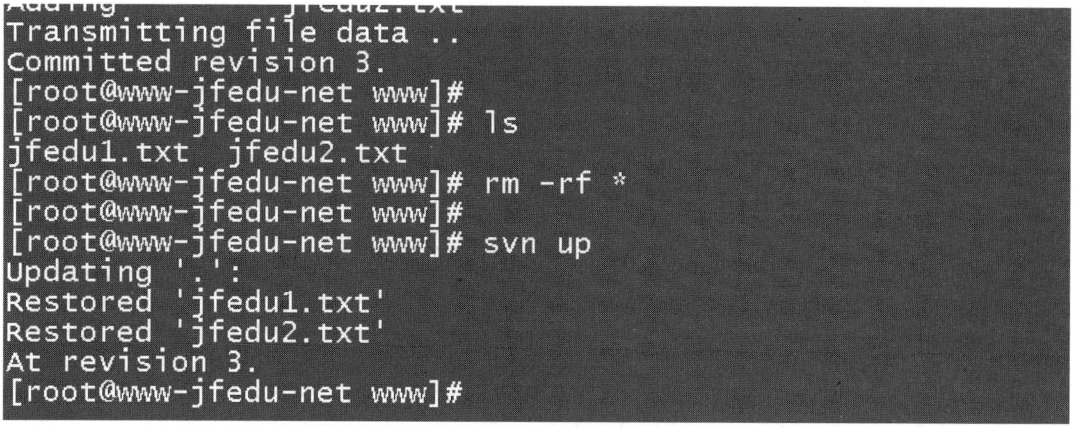

```
Transmitting file data ..
Committed revision 3.
[root@www-jfedu-net www]#
[root@www-jfedu-net www]# ls
jfedu1.txt  jfedu2.txt
[root@www-jfedu-net www]# rm -rf *
[root@www-jfedu-net www]#
[root@www-jfedu-net www]# svn up
Updating '.':
Restored 'jfedu1.txt'
Restored 'jfedu2.txt'
At revision 3.
[root@www-jfedu-net www]#
```

图 3-8　SVN 更新代码文件

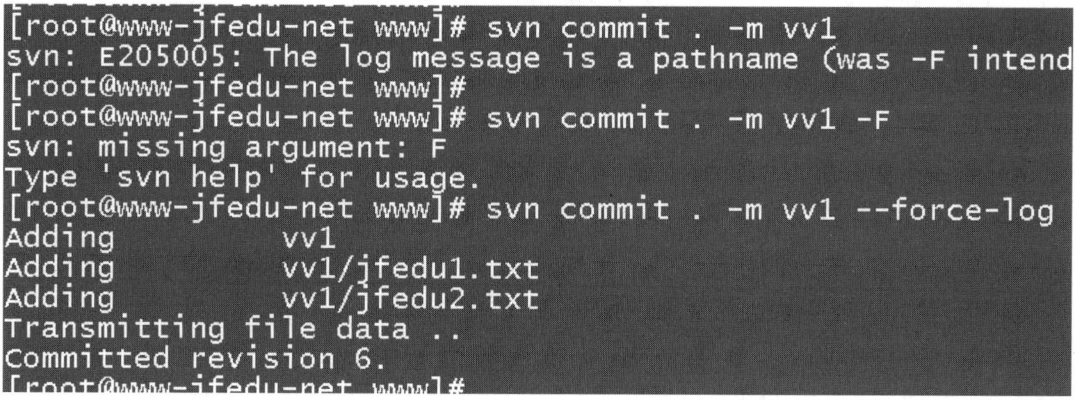

```
[root@www-jfedu-net www]# svn commit . -m vv1
svn: E205005: The log message is a pathname (was -F intend
[root@www-jfedu-net www]#
[root@www-jfedu-net www]# svn commit . -m vv1 -F
svn: missing argument: F
Type 'svn help' for usage.
[root@www-jfedu-net www]# svn commit . -m vv1 --force-log
Adding         vv1
Adding         vv1/jfedu1.txt
Adding         vv1/jfedu2.txt
Transmitting file data ..
Committed revision 6.
[root@www-jfedu-net www]#
```

图 3-9　SVN 提交代码文件

（6）更多 SVN 常见命令如下：

```
#将文件 checkout 到本地目录
svn checkout path                              #path 是服务器上的目录
svn checkout svn://101.34.116.235:8001 www
svn co svn://101.34.116.235:8001/ www
#往版本库中添加新的文件
svn add file
svn add jfedu.txt                              #添加 jfedu.txt
svn add *.txt                                  #添加当前目录下所有的 txt 文件
#将改动的文件提交到版本库
svn commit -m "LogMessage" [-N] [--no-unlock] PATH #如果选择了保持锁，就使用
                                                   #--no-unlock 开关
svn commit -m "add test file for my test" jfedu.txt
```

```
svn ci -m "add test file for my test" jfedu.txt
#SVN 加锁/解锁
svn lock -m "LockMessage" [--force] PATH
svn lock -m "lock test file" jfedu.txt
svn unlock PATH
#更新到某个版本
svn update -r m path
#svn update 如果后面没有目录,默认将当前目录以及子目录下的所有文件都更新到最新版本
svn update -r 200 jfedu.txt     #将版本库中的文件 jfedu.txt 还原到版本 200
svn update jfedu.txt     #更新,与版本库同步。如果在提交的时候提示过期,是因为冲突,
                         #需要先更新,修改文件,然后清除 svn resolved,最后再提交
                         #查看文件或者目录状态
#(1)
svn status path          #目录下的文件和子目录的状态,正常状态不显示
#【?:不在 svn 的控制中;M:内容被修改;C:发生冲突;A:预定加入版本库;K:被锁定】
#(2)
svn status -v path       #显示文件和子目录状态
#第一列保持相同,第二列显示工作版本号,第三和第四列显示最后一次修改的版本号和修改人
#注:svn status、svn diff 和 svn revert 这三条命令在没有网络的情况下也可以执行,原
#因是 SVN 在本地的.svn 文件中保留了本地版本的原始拷贝
#简写为 svn st
#SVN 删除文件
svn delete path -m "delete test fle"
#例如 svn delete svn://101.34.116.235:8001/pro/domain/jfedu.txt -m "delete
#test file"
#或者直接 svn delete jfedu.txt 然后再 svn ci -m 'delete test file',推荐使用
#简写为 svn (del, remove, rm)
#SVN 查看日志
svn log path
#例如,svn log jfedu.txt 显示这个文件的所有修改记录及其版本号的变化
#查看文件详细信息
svn info path
svn info jfedu.txt
#比较差异
svn diff path                  #将修改的文件与基础版本比较
svn diff jfedu.txt
svn diff -r m:n path           #对版本 m 和版本 n 比较差异
svn diff -r 200:201 jfedu.txt
svn di
#将两个版本之间的差异合并到当前文件
svn merge -r m:n path
```

```
svn merge -r 200:205 jfedu.txt #将版本 200 与版本 205 之间的差异合并到当前文件,但
                               #是一般都会产生冲突,需要处理一下
#SVN 查看帮助
svn help
svn help ci
```

3.11　Svnserve.conf 配置参数剖析

Svnserve 是 SVN 服务器核心主配置文件，主要用于对 SVN 服务器进行访问权限、目录定义等的配置。该文件由一个[general]配置段组成，格式为<配置项>=<值>，常见参数详解如下。

（1）anon-access。

控制非鉴权用户访问版本库的权限。取值范围为 write、read 和 none，其中 write 为可读可写，read 为只读，none 表示无访问权限。默认值为 read。

（2）auth-access。

控制鉴权用户访问版本库的权限。取值范围为 write、read 和 none，其中 write 为可读可写，read 为只读，none 表示无访问权限。默认值为 write。

（3）password-db。

指定用户名口令文件名。除非指定绝对路径，否则文件位置为相对 conf 目录的相对路径。默认值为 passwd。

（4）authz-db。

指定权限配置文件名，通过该文件可以实现以路径为基础的访问控制。除非指定绝对路径，否则文件位置为相对 conf 目录的相对路径。默认值为 authz。

（5）Realm。

指定版本库的认证域，即在登录时提示的认证域名称。若两个版本库的认证域相同，建议使用相同的用户名口令数据文件。默认值为 UUID（Universal Unique IDentifier，全局唯一标示）。

在企业生产环境中，Svnserve.conf 配置文件案例代码如下：

```
[general]
#使非授权用户无法访问
anon-access = none
##使授权用户有写权限
auth-access = write
##指明密码文件路径
```

```
password-db = passwd
##访问控制文件
authz-db = authz
##认证命名空间,Subversion 会在认证提示里显示,并且作为凭证缓存的关键字
realm = /data/svn
```

3.12 Passwd 文件参数剖析

Passwd 是 SVN 用户名和密码配置文件,该文件由一个[users]配置段组成,格式为<用户名>=<口令>（注：口令为未经过任何处理的明文）。在企业生产环境中，Passwd 配置文件案例代码如下：

```
[users]
jfedu1 = 123456
jfedu2 = 123456
```

3.13 Authz 文件参数剖析

Authz 是 SVN 用户名和密码配置文件，该文件由[groups]配置段和若干版本库路径权限段组成，常见参数详解如下。

（1）[groups]配置段格式：<用户组>=<用户列表>。

用户列表由若干用户组或用户名构成，用户组或用户名之间用逗号“,”分隔，引用用户组时要使用前缀“@”。

（2）版本库路径权限段格式：[<版本库名>:<路径>]。

如版本库 abc 路径/tmp 的版本库路径权限段的段名为"[abc:/tmp]"，可省略段名中的版本库名。若省略版本库名，则该版本库路径权限段对所有版本库中相同路径的访问控制都有效，如[/tmp]。

版本库路径权限段中配置行格式有如下 3 种：

（1）<用户名> = <权限>;

（2）<用户组> = <权限>;

（3）* = <权限>。

其中，“*”表示任何用户；权限的取值范围为空值、r 和 rw，空值表示对该版本库路径无任

何权限，r 表示具有只读权限，rw 表示有读写权限。

在企业生产环境中，authz 配置文件案例代码如图 3-10 所示。

```
106.12.133.186-京峰教育-线上云主机
[root@www-jfedu-net conf]#
[root@www-jfedu-net conf]#
[root@www-jfedu-net conf]# ls
authz  hooks-env.tmpl  passwd  svnserve.conf
[root@www-jfedu-net conf]# pwd
/data/svn/conf
[root@www-jfedu-net conf]# cat authz
[/]
wugk1 = rw
wugk2 = rw
[root@www-jfedu-net conf]#
```

图 3-10　SVN 服务配置密码文件

第 4 章 Git 版本管理企业实战

4.1 版本控制的概念

什么是“版本控制”？版本控制是一种记录一个或若干文件内容变化，以便将来查阅特定版本修订情况的系统。一般对保存着软件源代码的文件作版本控制，但也可以对任何类型的文件进行版本控制。

如果需要保存某一幅图片或页面布局文件的所有修订版本，采用版本控制系统（VCS）是个明智的选择。有了它就可以将某个文件回溯到之前的状态，甚至将整个项目都回退到过去某个时间点的状态；可以比较文件的变化细节，查出最后是谁修改了哪个地方，从而找出导致异常的原因，又是谁在何时报告了某个功能缺陷；等等。

使用版本控制系统通常还意味着，就算对整个项目中的文件胡乱改动，也可以轻松将其恢复到原先的样子，但额外增加的工作量却微乎其微。

4.2 本地版本控制系统

许多人习惯用复制整个项目目录的方式来保存不同的版本，或许还会改名加上备份时间以示区别。这样做唯一的好处就是简单，但是特别容易犯错。有时候会混淆所在的工作目录，一不小心会写错文件或者覆盖意外的文件。

为了解决这个问题，人们很久以前就开发了许多种本地版本控制系统，大多采用某种简单的数据库记录文件的历次更新差异，如图 4-1 所示。

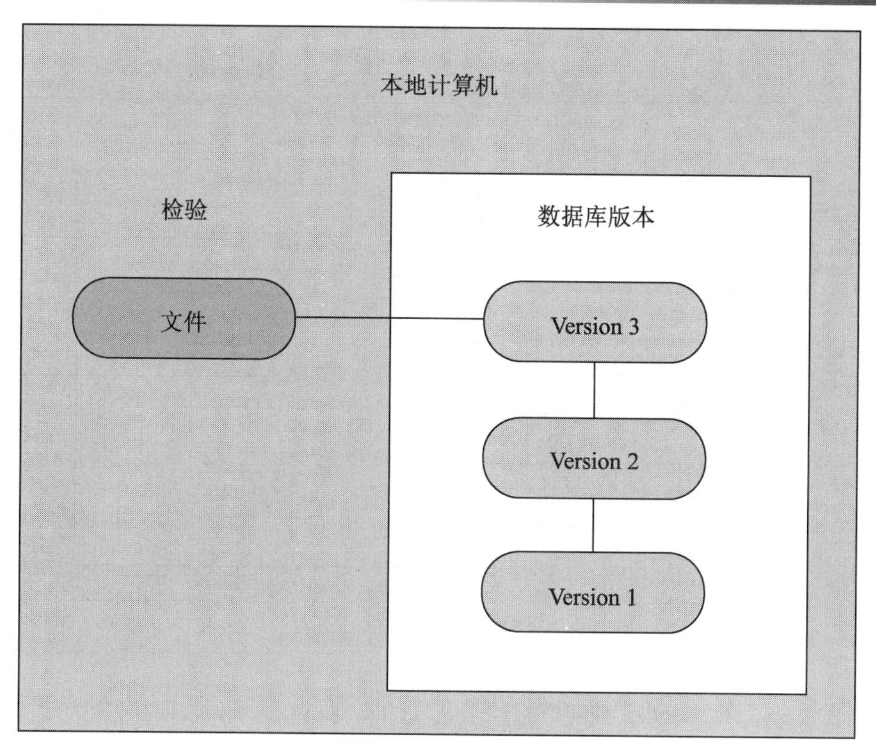

图 4-1 本地版本控制系统

其中最流行的一种叫作 RCS（Revision Control System，修订控制系统），现今许多计算机系统上都还看得到它的踪影。甚至在流行的 macOS X 系统上安装了开发者工具包之后，也可以使用 RCS 命令。它的工作原理是在硬盘上保存补丁集（补丁是指文件修订前后的变化），通过应用所有的补丁，可以重新计算出各个版本的文件内容。

4.3 集中化版本控制系统

接下来人们又遇到一个问题，如何让不同系统上的开发者协同工作？于是，集中化版本控制系统（Centralized Version Control Systems，CVCS）应运而生。这类系统，如 CVS、Subversion、Perforce 等，都有一个单一的集中管理的服务器，保存所有文件的修订版本，而协同工作的人们都通过客户端连接到这台服务器，取出最新的文件或者提交更新。多年以来，这已成为版本控制系统的标准做法，如图 4-2 所示。

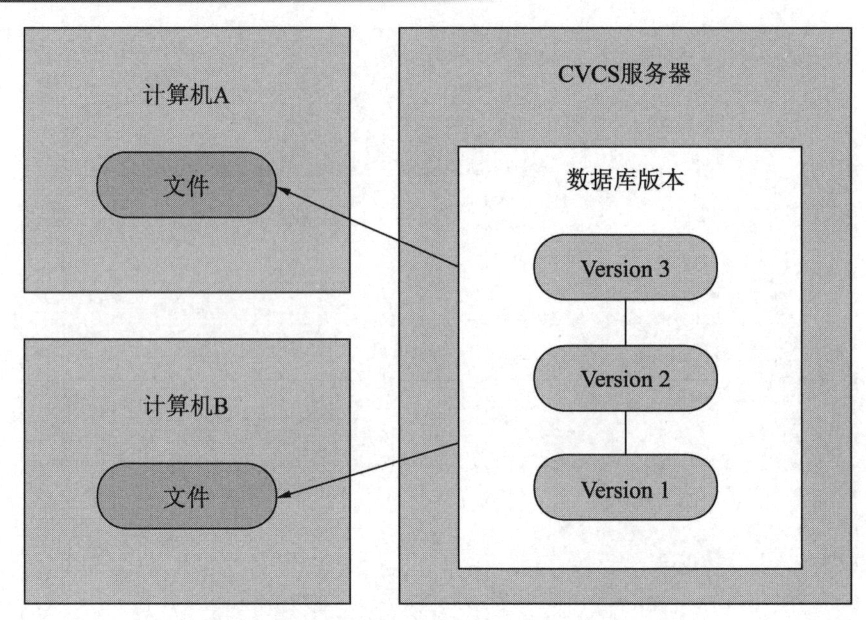

图 4-2　集中化版本控制系统

这种做法带来了许多好处，特别是相较于老式的本地 VCS 来说。现在，每个人都可以在一定程度上看到项目中的其他人正在做些什么，而管理员也可以轻松掌控每个开发者的权限，且管理一个 CVCS 要远比在各个客户端上维护本地数据库来得轻松。

这样做最显而易见的缺点是中央服务器的单点故障。如果死机一小时，那么在这一小时内，谁都无法提交更新，也就无法协同工作。 如果中心数据库所在的磁盘发生损坏，又没有做恰当备份，毫无疑问将丢失所有数据——包括项目的整个变更历史，只剩下人们在各自计算机上保留的单独快照。

本地版本控制系统也存在类似问题，只要整个项目的历史记录被保存在单一位置，就有丢失所有历史更新记录的风险。

4.4　分布式版本控制系统

分布式版本控制系统（Distributed Version Control System，DVCS）面世了。在这类系统中，像 Git、Mercurial、Bazaar、Darcs 等，客户端不只提取最新版本的文件快照，而是把代码仓库完整地镜像保存下来。

协同工作用的服务器发生故障，事后都可以通过任何一个保存有镜像文件的本地仓库恢复。

因为每一次的克隆操作，实际上都是一次对代码仓库的完整备份，如图 4-3 所示。

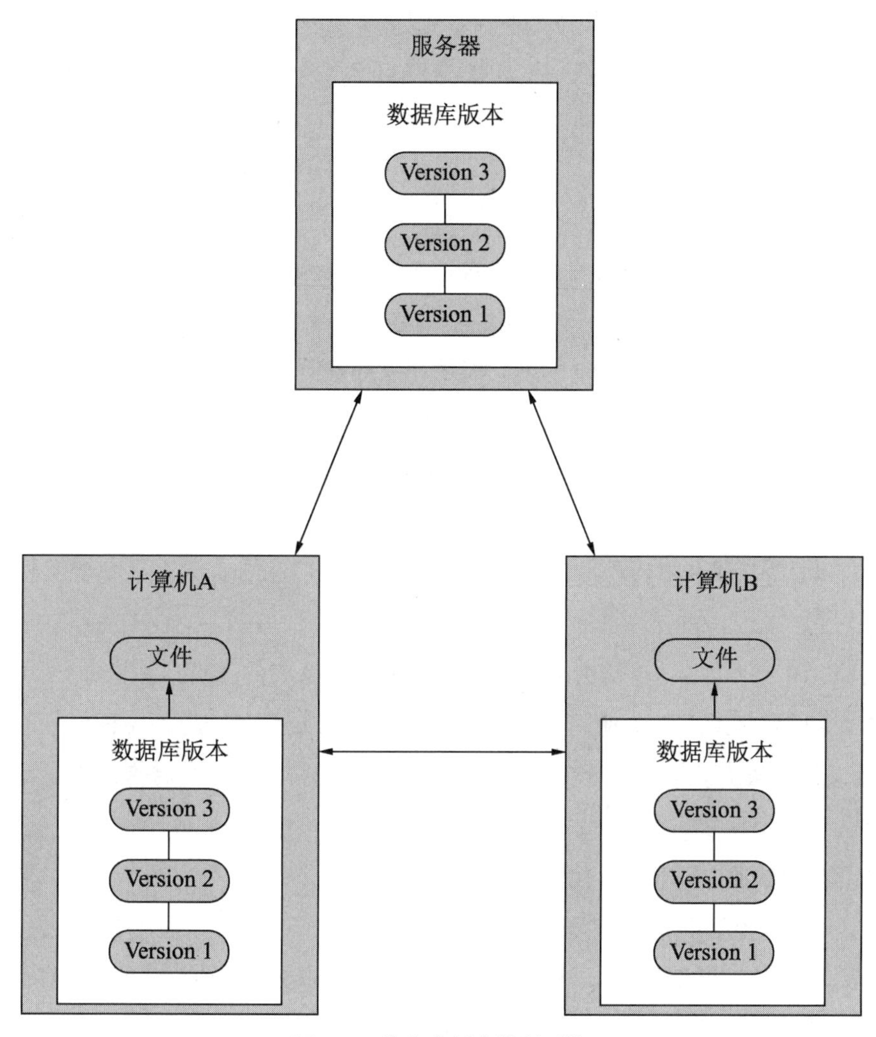

图 4-3　分布式版本控制系统

4.5　Git 版本控制系统简介

同生活中的许多伟大事物一样，Git 诞生于一个极富纷争、大举创新的年代。

Linux 内核开源项目有着为数众多的参与者。绝大多数的 Linux 内核维护工作都花在了提交补丁和保存归档的烦琐事务上（1991—2002）。到 2002 年，整个项目组开始启用一个专有的分布式版本控制系统 BitKeeper 管理和维护代码。

到了 2005 年，开发 BitKeeper 的商业公司同 Linux 内核开源社区的合作关系结束，他们收回了 Linux 内核社区免费使用 BitKeeper 的权力。这就迫使 Linux 开源社区（特别是 Linux 的缔造者 Linus Torvalds）基于使用 BitKeeper 时的经验教训，开发出自己的版本系统。对新的系统也制订了若干目标。

（1）速度快。

（2）设计简单。

（3）对非线性开发模式强力支持（允许成千上万个并行开发的分支）。

（4）完全分布式。

（5）有能力高效管理类似 Linux 内核一样的超大规模项目（速度和数据量）。

自 2005 年诞生以来，Git 日臻成熟完善，在高度易用的同时，仍然保留着初期设定的目标。它的速度飞快，极其适合管理大项目，有着令人难以置信的非线性分支管理系统。

4.6 Git 和 SVN 的区别

开始学习 Git 的时候，请努力分清对其他版本管理系统的已有认识，如 Subversion 和 Perforce 等，这样做有助于避免使用工具时发生混淆。Git 在保存和对待各种信息的时候与其他版本控制系统有很大差异，尽管命令形式非常相近。理解这些差异将有助于避免使用中的困惑。

（1）直接记录快照，而非差异比较。

Git 和其他版本控制系统（包括 Subversion 和近似工具）的主要差别在于对待数据的方法。其他大部分系统（CVS、Subversion、Perforce、Bazaar 等）以文件变更列表的方式存储信息，将其保存的信息看作一组基本文件和每个文件随时间逐步累积的差异，如图 4-4 所示。

（2）存储每个文件与初始版本的差异。

Git 不按照以上方式对待或保存数据。Git 更像是把数据看作对小型文件系统的一组快照。每次提交更新，或在 Git 中保存项目状态时，它主要对当时的全部文件制作一个快照并保存这个快照的索引。为了高效，如果文件没有修改，Git 不再重新存储该文件，而是只保留一个链接指向之前存储的文件。Git 对待数据更像是一个快照流，如图 4-5 所示。

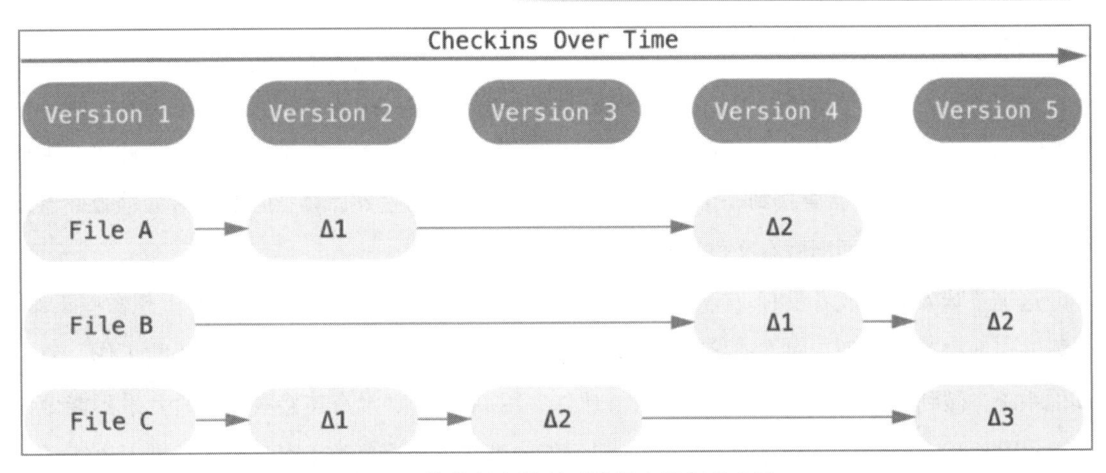

图 4-4　其他版本控制系统保存数据的方法

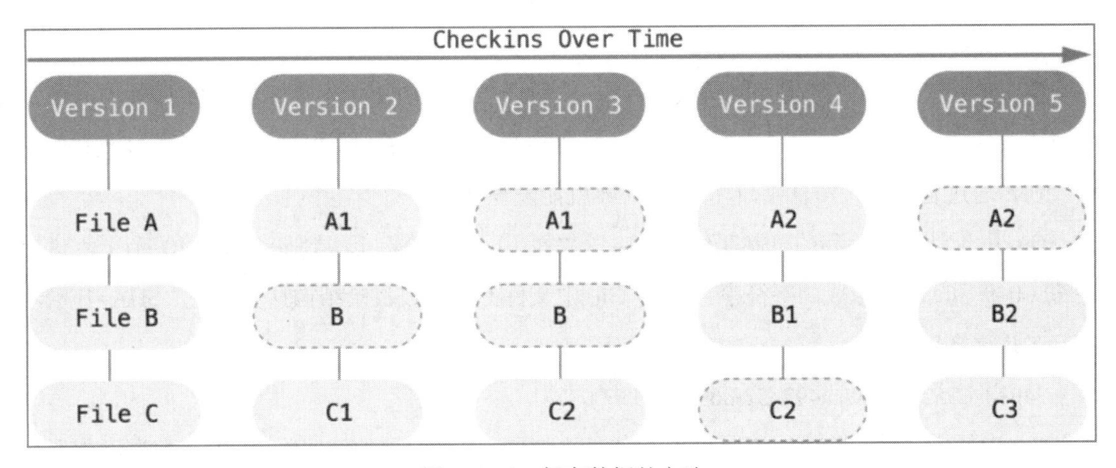

图 4-5　Git 保存数据的方法

（3）存储项目随时间改变的快照。

这是 Git 与几乎所有其他版本控制系统的重要区别。Git 重新考虑了以前每一代版本控制系统延续下来的诸多方面。Git 更像是一个小型的文件系统，提供了许多以此为基础构建的超强工具，而不只是一个简单的版本控制系统。稍后在 Git 分支讨论 Git 分支管理时，将探究这种方式对待数据所能获得的益处。

（4）近乎所有操作都是本地执行。

在 Git 中的绝大多数操作都只需要访问本地文件和资源，一般不需要来自网络上其他计算机的信息。如果用户习惯于所有操作都有网络延时开销的集中式版本控制系统，Git 在这方面会让用户感到速度之神赐给了 Git 超凡的能量。因为在本地磁盘上就有项目的完整历史，所以大部分操作看起来瞬间完成。

举个例子，要浏览项目的历史，Git 不需外连到服务器获取历史，然后再显示出来——它只需直接从本地数据库中读取。你能立即看到项目历史。如果想查看当前版本与一个月前的版本之间引入的修改，Git 会查找到一个月前的文件作一次本地的差异计算，而不是由远程服务器处理或从远程服务器拉回旧版本文件再来本地处理。

这也意味着离线或者没有 VPN 时，几乎可以进行任何操作。如在飞机或火车上想做些工作，你能愉快地提交，直到有网络连接时再上传。如回家后 VPN 客户端不正常，你仍能工作。使用其他系统，做到如此是不可能或很费力的。比如，用 Perforce，没有连接服务器时几乎不能做什么事；用 Subversion 和 CVS，能修改文件，但不能向数据库提交修改（因为本地数据库离线了）。这看起来不是大问题，但是你可能会惊喜地发现它带来的巨大的不同。

（5）Git 保证完整性。

Git 中所有数据在存储前都计算校验和，然后以校验和引用。这意味着不可能在 Git 不知情时更改任何文件内容或目录内容。这个功能建构在 Git 底层，是构成 Git 哲学不可或缺的部分。在传送过程中丢失信息或损坏文件，Git 就能发现。

Git 用于计算校验和的机制叫作 SHA-1 散列（hash，哈希）。这是一个由 40 个十六进制字符（0~9 和 a~f）组成的字符串，基于 Git 中文件的内容或目录结构计算出来。SHA-1 哈希看起来是这样：

24b9da6552252987aa493b52f8696cd6d3b00373

Git 中使用这种哈希值的情况很多，你将经常看到这种哈希值。实际上，Git 数据库中保存的信息都是以文件内容的哈希值索引，而不是文件名。

（6）Git 只添加数据。

用户执行的 Git 操作，几乎只往 Git 数据库中增加数据。很难让 Git 执行任何不可逆操作，或者让它以任何方式清除数据。同别的 VCS，未提交更新时有可能丢失或弄乱修改的内容；但是一旦提交快照到 Git 中，就难以再丢失数据，特别是当定期地推送数据库到其他仓库时。

这使得使用 Git 成为一个安心愉悦的过程，因为深知可以尽情做各种尝试，而没有把事情弄糟的危险。更深度探讨 Git 如何保存数据及恢复丢失数据的话题，请参考撤销操作。

Git 有三种状态：已提交（committed）、已修改（modified）和已暂存（staged）。已提交表示数据已经安全地保存在本地数据库中；已修改表示修改了文件，但尚未保存到数据库中；已暂存表示对一个已修改文件的当前版本做了标记，使之包含在下次提交的快照中。

由此引入 Git 项目的三个工作区域的概念：Git 仓库、工作目录以及暂存区域，如图 4-6 所示。

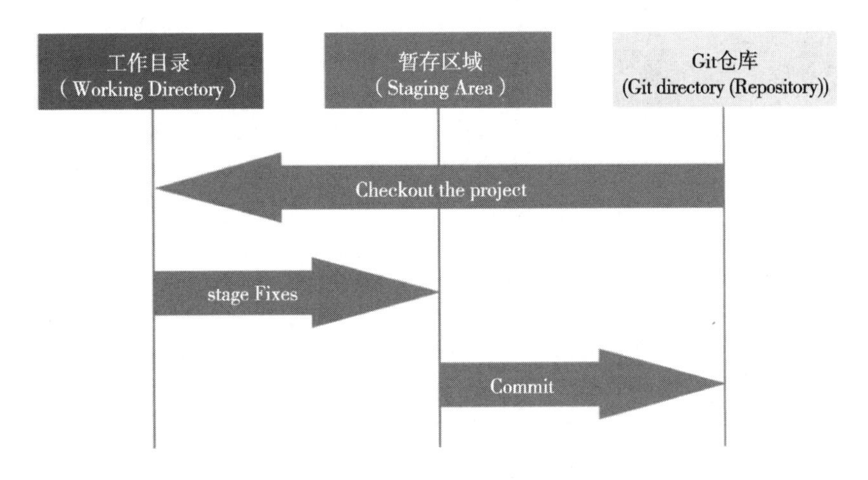

图 4-6　Git 三个工作区域结构图

Git 仓库目录是 Git 用来保存项目的元数据和对象数据库的地方。这是 Git 中最重要的部分，从其他计算机克隆仓库时，复制的就是这里的数据。

工作目录是对项目的某个版本独立提取出来的内容。这些从 Git 仓库的压缩数据库中提取出来的文件，放在磁盘上供使用或修改。

暂存区域是一个文件，保存了下次将提交的文件列表信息，一般在 Git 仓库目录中。有时候也被称作“索引”。

基本的 Git 工作流程如下：

（1）在工作目录中修改文件。

（2）暂存文件，将文件快照放入暂存区域。

（3）提交更新，找到暂存区域的文件，将快照永久性存储到 Git 仓库目录。

如果 Git 目录中保存着特定版本的文件，就属于已提交状态。如果作了修改并已放入暂存区域，就属于已暂存状态。如果自上次取出后，作了修改但还没有放到暂存区域，就是已修改状态。

可以使用原生的命令行模式，也可以使用 GUI 模式，这些 GUI 软件也能提供多种功能。本书中将使用命令行模式。这是因为首先，只有在命令行模式下才能执行 Git 的所有命令，而大多数的 GUI 软件只实现了 Git 所有功能的一个子集以降低操作难度。

如果学会了在命令行下如何操作，那么在操作 GUI 软件时应该也不会遇到什么困难，反之则不成立。此外，由于每个人的想法与侧重点不同，不同的人常常会安装不同的 GUI 软件，但所有人一定都会有命令行工具。

GIT 和 SVN 版本控制系统的区别总结如下。

（1）Git 是分布式，SVN 是集中式。

（2）Git 的每个历史版本存储的是完整的文件，而 SVN 只是存储文件的差异。

（3）Git 可以离线完成大部分操作，SVN 不可以。

（4）Git 有着更优雅的分支和合并实现。

（5）Git 有更强的撤销修改和修改版本历史的能力。

（6）Git 速度更快，效率更高。

4.7 Git 版本控制系统实战

在开始使用 Git 前，需要将它安装在计算机上。即便已经安装，也最好将它升级到最新的版本。可以通过软件包或者其他安装程序安装，或者下载源码编译安装。

（1）YUM 二进制方式部署 Git。

基于二进制安装程序安装 Git，可以使用发行版包含的基础软件包管理工具安装。以 CentOS 7.x 为例，可以使用 YUM 二进制访问部署 Git 服务。操作指令如下：

```
yum install git -y
```

（2）MAKE 源码方式部署 Git。

基于 MAKE 源码方式编译安装 Git，需要安装 Git 依赖的数据库：curl、zlib、openssl、expat，还有 libiconv。如果操作系统中有 YUM（如 Fedora）或者 apt-get（如基于 Debian 的系统），操作方法和指令如下：

```
#安装 Git 编译所需依赖环境、库文件
yum install curl-devel expat-devel gettext-devel openssl-devel zlib-devel
libcurl4-gnutls-dev libexpat1-dev gettext libz-dev libssl-dev -y
yum install asciidoc xmlto docbook2x -y
#下载 Git 软件包
wget http://mirrors.edge.kernel.org/pub/software/scm/git/git-2.33.1.tar.gz
```

```
#解压 Git 软件包
tar -xzvf git-2.33.1.tar.gz
#切换至 Git 源代码目录
cd git-2.33.1/
#预编译 Git
make prefix=/usr/local/git/ all
#安装 Git
make prefix=/usr/local/git/ install
#查看 Git 是否部署成功
ls -l /usr/local/git/
#将 git 程序 bin 目录下内容软链接至/usr/bin/目录下
ln -s /usr/local/git/bin/* /usr/bin/
#将 Git 程序 bin 目录加入 PATH 环境变量中
cat>>/etc/profile<<EOF
export PATH=\$PATH:/usr/local/git/bin/
EOF
source /etc/profile
#查看 Git 版本信息
git --version
```

4.8　配置 Git 版本仓库

（1）初次运行 Git 配置。

在 Linux 系统上安装 Git，需要做几件事定制 Git 环境。每台计算机上只需要配置一次，程序升级时会保留配置信息。可以在任何时候再次通过运行命令修改它们。

Git 自带一个 git config 工具帮助设置控制 Git 外观和行为的配置变量。这些变量存储在三个不同的位置。

① /etc/gitconfig 文件：包含系统上每一个用户及其仓库的通用配置。如果使用带有--system 选项的 git config 文件，它会从此文件读写配置变量。

② ~/.gitconfig 或~/.config/git/config 文件：只针对当前用户。可以传递--global 选项让 Git 读写此文件。

③ 当前使用仓库的 Git 目录中的 config 文件（即.git/config）：针对该仓库。每一个级别覆盖上一级别的配置，所以 .git/config 的配置变量会覆盖 /etc/gitconfig 中的配置变量。

（2）用户信息。

安装完 Git 后应该做的第一件事就是设置用户名称与邮件地址。这样做很重要，因为每一个 Git 的提交都会使用这些信息，并且它会写入每一次提交的文件，不可更改。

```
git config --global user.name "support"
git config --global user.email support@jfedu.net
```

如果使用了 --global 选项，那么该命令只需要运行一次，因为之后无论在该系统上做任何事情，Git 都会使用那些信息。当想针对特定项目使用不同的用户名称与邮件地址时，可以在那个项目目录下运行没有 --global 选项的命令配置。

（3）创建一个 Git 用户，用来运行 Git 服务。

```
useradd git
```

（4）创建证书登录。

收集所有需要登录的用户的公钥，就是他们自己的 id_rsa.pub 文件，把所有公钥导入 /home/git/.ssh/authorized_keys 文件，一行一个。

（5）初始化 Git 仓库。

创建目录作为 Git 仓库：/data/jfedu.git/，在/data/目录下输入命令，如图 4-7 所示。

```
mkdir -p /data/
git init --bare /data/jfedu.git
```

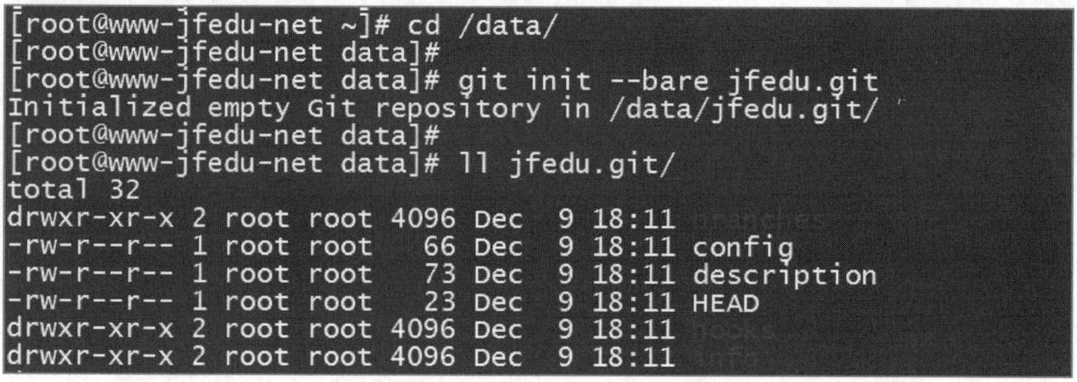

```
[root@www-jfedu-net ~]# cd /data/
[root@www-jfedu-net data]#
[root@www-jfedu-net data]# git init --bare jfedu.git
Initialized empty Git repository in /data/jfedu.git/
[root@www-jfedu-net data]#
[root@www-jfedu-net data]# ll jfedu.git/
total 32
drwxr-xr-x 2 root root 4096 Dec  9 18:11 branches
-rw-r--r-- 1 root root   66 Dec  9 18:11 config
-rw-r--r-- 1 root root   73 Dec  9 18:11 description
-rw-r--r-- 1 root root   23 Dec  9 18:11 HEAD
drwxr-xr-x 2 root root 4096 Dec  9 18:11 hooks
drwxr-xr-x 2 root root 4096 Dec  9 18:11 info
```

图 4-7 创建目录作为 Git 仓库

Git 会创建一个裸仓库，裸仓库没有工作区，因为服务器上的 Git 仓库纯粹是为了共享，所以不让用户直接登录到服务器上改工作区。服务器上的 Git 仓库通常都以.git 结尾，把 owner 改为 git.git 即可。

（6）禁用 Shell 登录。

```
chown -R git.git /data/jfedu.git/
```

为了安全考虑，第二步创建的 Git 用户不允许登录 Shell，这可以通过编辑/etc/passwd 文件实现。找到类似下面的一行：

```
git:x:1001:1001:,,,:/home/git:/bin/bash
```

改为：

```
git:x:1001:1001:,,,:/home/git:/usr/bin/git-shell
sed -i '/git/s#/bin/bash#/usr/bin/git-shell#g' /etc/passwd
echo 123456|passwd --stdin git
```

这样，Git 用户可以正常通过 ssh 使用 Git，但无法登录 Shell，因为为 Git 用户指定的 git-shell 每次登录就自动退出。

（7）克隆远程仓库。

接下来可以通过 git clone 命令克隆远程仓库，在客户端执行如下指令，如图 4-8 所示。

```
ssh-keygen
ssh-copy-id -i /root/.ssh/id_rsa.pub git@101.34.116.235
git clone git@101.34.116.235:/data/jfedu.git
```

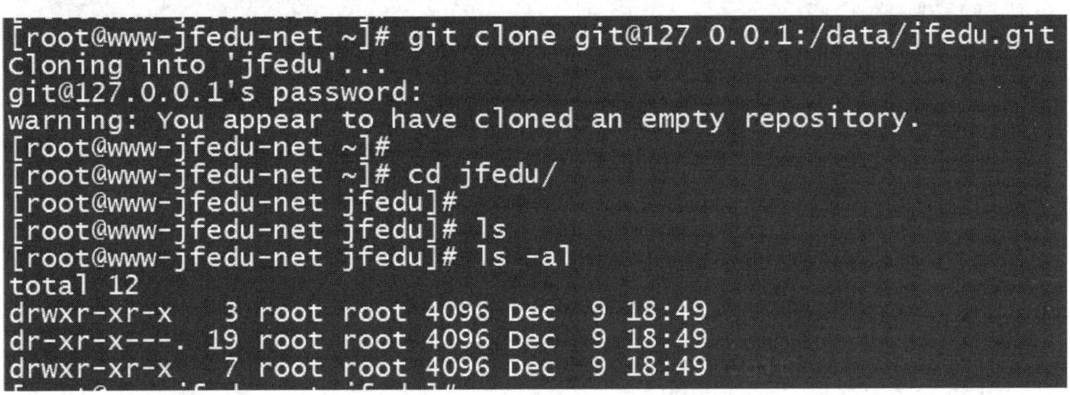

```
[root@www-jfedu-net ~]# git clone git@127.0.0.1:/data/jfedu.git
Cloning into 'jfedu'...
git@127.0.0.1's password:
warning: You appear to have cloned an empty repository.
[root@www-jfedu-net ~]#
[root@www-jfedu-net ~]# cd jfedu/
[root@www-jfedu-net jfedu]#
[root@www-jfedu-net jfedu]# ls
[root@www-jfedu-net jfedu]# ls -al
total 12
drwxr-xr-x   3 root root 4096 Dec  9 18:49
dr-xr-x---. 19 root root 4096 Dec  9 18:49
drwxr-xr-x   7 root root 4096 Dec  9 18:49
```

图 4-8　Git 客户端访问服务端

（8）添加和提交文件至远程仓库，如图 4-9 所示。

（9）添加新增文件，执行如下命令，如图 4-10 所示。

```
git add *
git status
```

```
[root@www-jfedu-net jfedu]# touch {1..10}.txt
[root@www-jfedu-net jfedu]#
[root@www-jfedu-net jfedu]# ll
total 0
-rw-r--r-- 1 root root 0 Dec  9 18:50 10.txt
-rw-r--r-- 1 root root 0 Dec  9 18:50 1.txt
-rw-r--r-- 1 root root 0 Dec  9 18:50 2.txt
-rw-r--r-- 1 root root 0 Dec  9 18:50 3.txt
-rw-r--r-- 1 root root 0 Dec  9 18:50 4.txt
-rw-r--r-- 1 root root 0 Dec  9 18:50 5.txt
-rw-r--r-- 1 root root 0 Dec  9 18:50 6.txt
```

图 4-9　Git 创建多个文件命令

```
[root@www-jfedu-net jfedu]# git add *
[root@www-jfedu-net jfedu]#
[root@www-jfedu-net jfedu]# git status
# On branch master
#
# Initial commit
#
# Changes to be committed:
#   (use "git rm --cached <file>..." to unstage)
#
#       new file:   1.txt
#       new file:   10.txt
#       new file:   2.txt
```

图 4-10　Git 提交新增文件

（10）将代码提交至本地仓库。

```
git commit -m 1
```

（11）将本地库的代码提交至远程仓库，如图 4-11 所示。

```
git push origin master
```

```
[root@www-jfedu-net jfedu]# git commit -m 1
[master (root-commit) 9901bf0] 1
 10 files changed, 0 insertions(+), 0 deletions(-)
 create mode 100644 1.txt
 create mode 100644 10.txt
 create mode 100644 2.txt
 create mode 100644 3.txt
 create mode 100644 4.txt
 create mode 100644 5.txt
 create mode 100644 6.txt
 create mode 100644 7.txt
```

图 4-11　Git 提交代码文件

4.9 Git 获取帮助

（1）有以下三种方法可以找到 Git 命令的使用手册：

```
git help <verb>
git <verb> --help
man git-<verb>
```

（2）要想获取 config 命令的手册，需执行如下指令：

```
git help config
```

第5章 ELK日志平台企业实战

运维工程师每天需要对服务器进行故障排错，那么最先能帮助定位问题的就是查看服务器日志，通过日志可以快速定位问题。

目前所说的日志主要包括系统日志、应用程序日志和安全日志。系统运维和开发人员可以通过日志了解服务器软硬件信息、检查配置过程中的错误及错误发生的原因。经常分析日志可以了解服务器的负荷和性能安全性，从而及时采取措施纠正错误。日志被分散的储存不同的设备上。

每台服务器创建开发普通用户权限，只运行查看日志、查看进程，运维、开发通过命令 tail、head、cat、more、find、awk、grep、sed 统计分析。

如果管理数上百台服务器，通过登录每台机器的传统方法查阅日志，将很烦琐，且效率低下。当务之急是使用集中化的日志管理系统，例如开源的 syslog，将所有服务器上的日志收集汇总。

集中化管理日志后，日志的统计和检索又成为一件比较麻烦的事情，一般使用 find、grep、awk 和 wc 等 Linux 命令能实现检索和统计，但是对于要求更高的查询、排序和统计等需求和庞大的机器数量依然使用这样的方法难免有点力不从心。

开源实时日志分析 ELK 平台能够完美解决上述问题。ELK 原来由 ElasticSearch、Logstash 和 Kibana 三个开源工具组成，现在还新增了一个 Beats。它是一个轻量级的日志收集处理工具（Agent）。

适合于在各个服务器上搜集日志后传输给 Logstash，官方也推荐此工具，由于原本的 ELK Stack 成员中加入了 Beats 工具，所以现已改名为 Elastic Stack。

（1）ElasticSearch 是基于 Lucene 的全文检索引擎架构，基于 Java 语言编写，对外开源、免费，它的特点有：分布式、零配置、自动发现、索引自动分片、索引副本机制、舒适的风格接口、多数据源、自动搜索负载等。ELK 官网为 https://www.elastic.co/。

（2）Logstash 主要用于日志的搜集、分析和过滤，支持大量的数据获取方式。工作方式为 C/S 架构，客户端安装在需要收集日志的主机上，服务器端负责对收到的各节点日志进行过滤、修改等操作，再一并发往 ElasticSearch 服务器。

（3）Kibana 也是一个开源和免费的工具，可以为 Logstash 和 ElasticSearch 提供的日志分析友好的 Web 界面，可以帮助汇总、分析和搜索重要数据日志。

（4）FileBeat 是一个轻量级日志采集器，属于 Beats 家族的 6 个成员之一。早期的 ELK 架构中使用 Logstash 收集、解析并过滤日志，但是 Logstash 对 CPU、内存、I/O 等资源消耗比较高，相比 Logstash，Beats 所占系统的 CPU 和内存几乎可以忽略不计。

（5）Logstash 和 ElasticSearch 用 Java 语言编写，而 Kibana 使用 node.js 框架，在配置 ELK 环境要保证系统有 Java JDK 开发库。

5.1　ELK 架构原理深入剖析

图 5-1 所示为 ELK 企业分布式实时日志平台结构图，如果没有使用 Filebeat，Logstash 将直接收集日志，进行过滤处理，并将数据发往 ElasticSearch。

图 5-1　ELK 日志平台结构图

如果使用 Filebeat，Logstash 则从 FileBeat 获取日志文件，称 ELFK。Filebeat 作为 Logstash 的输入（input）将获取到的日志进行处理，将处理好的日志文件输出到 ElasticSearch 进行处理，如图 5-2 所示。

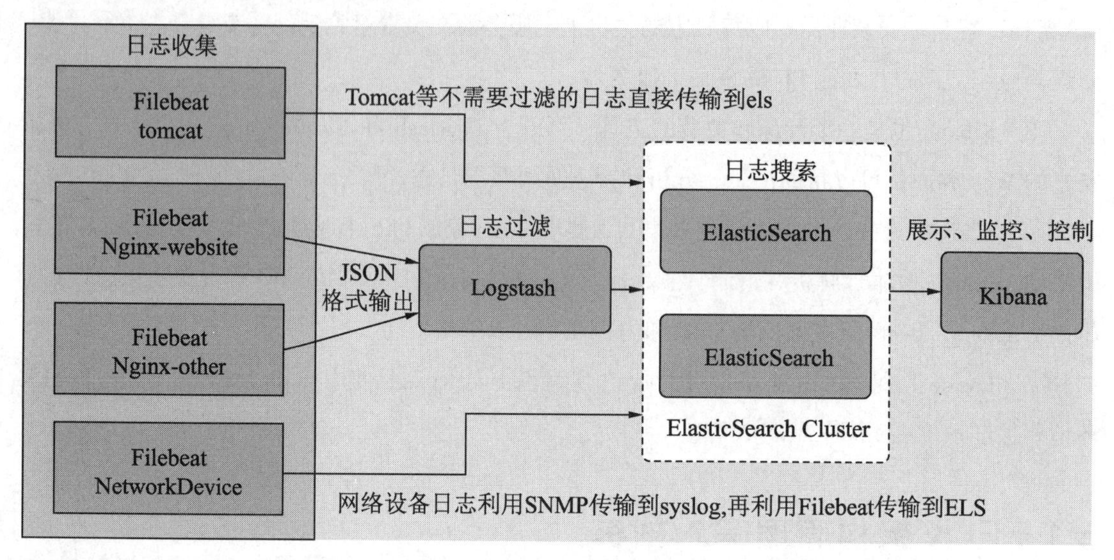

图 5-2 ELFK 日志平台结构图

（1）ELK 工作流程。

客户端安装 Logstash 日志收集工具，通过 Logstash 收集客户端 APP 的日志数据，将所有的日志过滤出来，存入 ElasticSearch 搜索引擎，然后通过 Kibana GUI 在 Web 前端展示给用户，用户可以查看指定的日志内容。同时也可以加入 Redis 通信队列，如图 5-3 所示。

（2）加入 Redis 队列后工作流程。

Logstash 包含 Index 和 Agent（shipper），Agent 负责客户端监控和过滤日志，而 Index 负责收集日志并将日志交给 ElasticSearch，ElasticSearch 将日志存储在本地，建立并提供搜索，kibana 可以从 ElasticSearch 集群中获取想要的日志信息。

（3）ELFK 工作流程。

① 使用 Filebeat 获取 Linux 服务器上的日志。当启动 Filebeat 时，它将启动一个或多个 Prospectors（检测者），查找服务器上指定的日志文件，作为日志的源头等待输出到 Logstash。

② Logstash 从 Filebeat 获取日志文件。Filebeat 对获取到的日志进行处理后作为 Logstash 的输入，Logstash 将处理好的日志文件输出到 ElasticSearch 进行处理。

③ ElasticSearch 得到 Logstash 的数据之后进行相应的搜索存储操作，使写入的数据可以被

检索和聚合等以便于搜索，最后 Kibana 通过 ElasticSearch 提供的 API 将日志信息可视化。

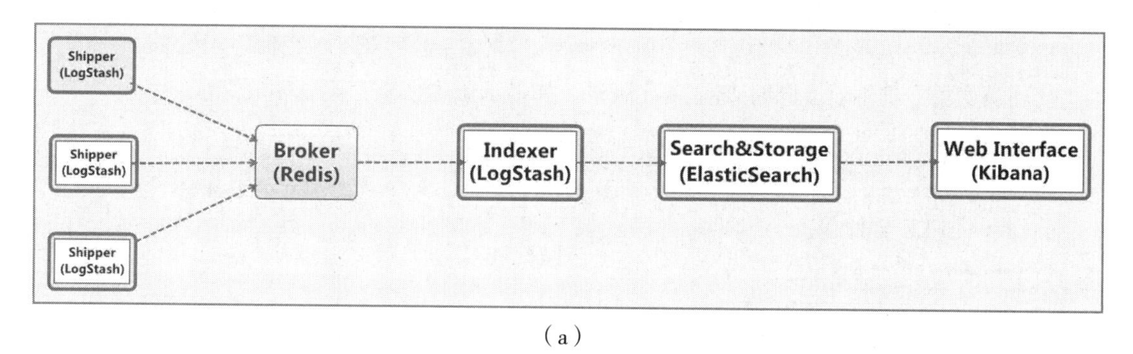

（a）

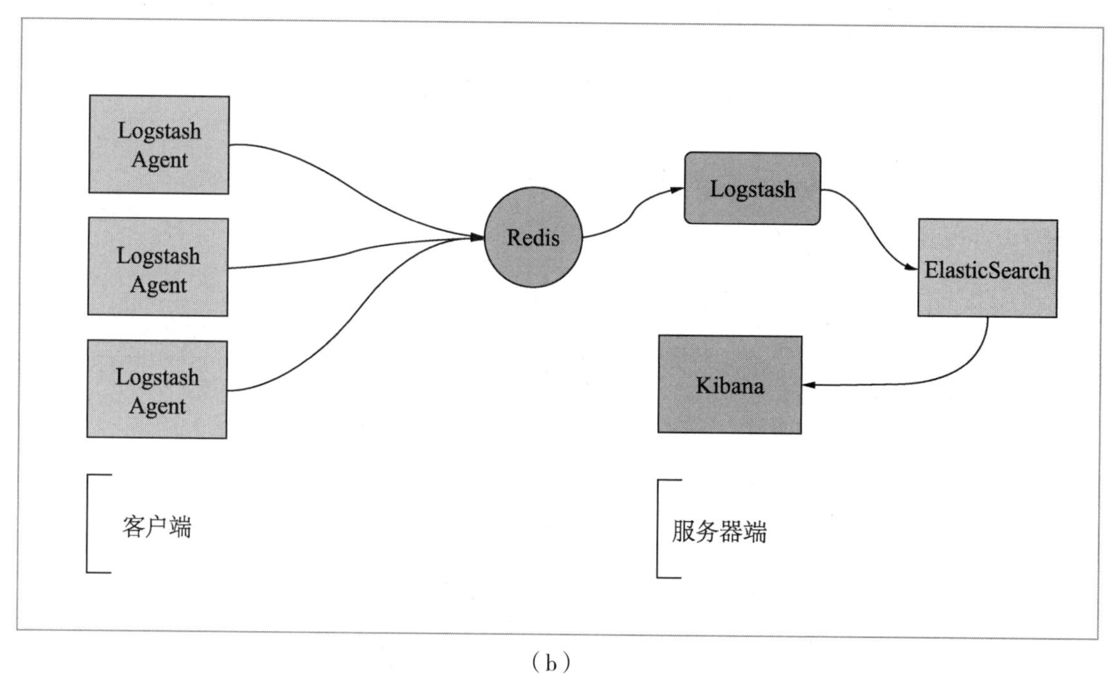

（b）

图 5-3　ELK+Redis 日志平台结构图

5.2　ElasticSearch 配置实战

部署配置 ElasticSearch，需要配置 JDK 环境。JDK（Java Development Kit）是 Java 语言的软件开发工具包（SDK），此处采用 JDK 11 版本，配置 Java 环境变量，在 vi /etc/profile 文件中加入如下代码：

```
export JAVA_HOME=/usr/java/jdk-11.0.10/
export CLASSPATH=$CLASSPATH:$JAVA_HOME/lib:$JAVA_HOME/jre/lib
export PATH=$JAVA_HOME/bin:$JAVA_HOME/jre/bin:$PATH:$HOME/bin
```

使环境变量立刻生效，同时查看 Java 版本，如显示版本信息，则证明安装成功。

```
source  /etc/profile
java  -version
```

分别下载 ELK 软件包。

（1）ELK 安装信息如下：

```
192.168.111.128  ElasticSearch
192.168.111.129  Kibana
192.168.111.130  Logstash
```

（2）192.168.111.128 上安装 ElasticSearch。

```
#安装 JDK 版本信息
tar xzf jdk-11.0.10_linux-x64_bin.tar.gz
mkdir -p /usr/java/ ;mv jdk-11.0.10/  /usr/java/
#同时在/etc/profile 末尾加入如下三行
export JAVA_HOME=/usr/java/jdk-11.0.10
export CLASSPATH=$CLASSPATH:$JAVA_HOME/lib:$JAVA_HOME/jre/lib
export PATH=$JAVA_HOME/bin:$JAVA_HOME/jre/bin:$PATH:$HOME/bin
```

（3）基于二进制 Tar 包方式，安装 ElasticSearch 程序，操作步骤如下：

```
#官网下载 ElasticSearch 软件包
ls -l elasticsearch-7.2.0-linux-x86_64.tar.gz
#通过 Tar 工具对其解压缩
tar xzf elasticsearch-7.2.0-linux-x86_64.tar.gz
#将解压后的 ElasticSearch 程序部署至/usr/local/目录下
mv elasticsearch-7.2.0 /usr/local/elasticsearch
#查看 ElasticSearch 是否部署成功
ls -l /usr/local/elasticsearch/
#切换至 ElasticSearch 程序目录
cd /usr/local/elasticsearch/
```

（4）修改/usr/local/elasticsearch/config/elasticsearch.yml 文件，设置监听地址为 network.hosts：0.0.0.0，同时将设置 node 名称和集群 node 名称，指令如下：

```
cd /usr/local/elasticsearch/config/
sed -i -e '/network\.host/s/#//g' -e'/network\.host/s/192.168.0.1/0.0.0.0/
g' elasticsearch.yml
sed -i '/node.name/s/#//g' elasticsearch.yml
```

```
sed -i '/cluster\.initial/s/\, \"node-2\"//g' elasticsearch.yml
sed -i -e '/cluster\.initial/s/\, \"node-2\"//g' -e '/cluster\.initial/s/#//g' elasticsearch.yml
```

（5）创建 ElasticSearch 用户和组，同时授权访问，启动 ElasticSearch 服务即可。

```
useradd  elk
chown -R  elk:elk  /usr/local/elasticsearch/
su - elk
/usr/local/elasticsearch/bin/elasticsearch -d
```

（6）查看 ElasticSearch 服务日志，如图 5-4 所示。

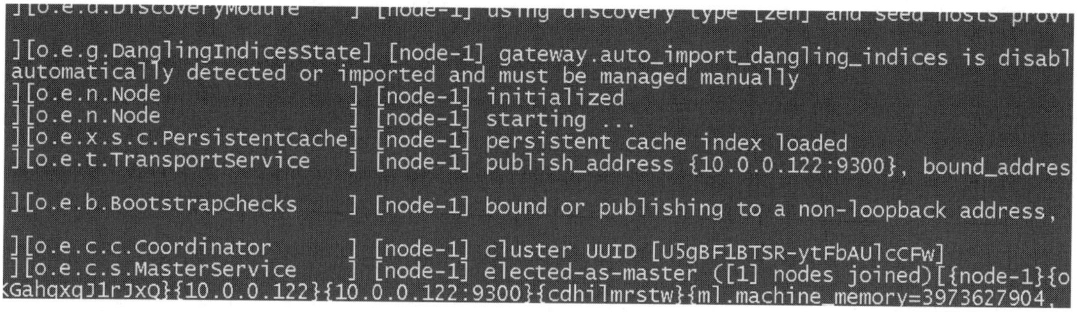

```
][o.e.d.DiscoveryModule     ] [node-1] using discovery type [zen] and seed hosts provi
][o.e.g.DanglingIndicesState] [node-1] gateway.auto_import_dangling_indices is disabl
automatically detected or imported and must be managed manually
][o.e.n.Node                ] [node-1] initialized
][o.e.n.Node                ] [node-1] starting ...
][o.e.x.s.c.PersistentCache] [node-1] persistent cache index loaded
][o.e.t.TransportService    ] [node-1] publish_address {10.0.0.122:9300}, bound_addres
][o.e.b.BootstrapChecks     ] [node-1] bound or publishing to a non-loopback address,
][o.e.c.c.Coordinator       ] [node-1] cluster UUID [U5gBF1BTSR-ytFbAUlcCFw]
][o.e.c.s.MasterService     ] [node-1] elected-as-master ([1] nodes joined)[{node-1}{o
GahqxgJ1rJxQ}{10.0.0.122}{10.0.0.122:9300}{cdhilmrstw}{ml.machine_memory=3973627904,
```

图 5-4　ElasticSearch 启动服务日志显示

5.3　ElasticSearch 配置故障演练

启动后可能会报错，报错内容及需要修改的内核参数如下。

（1）SecComp 功能不支持。

报错内容如下：

```
ERROR: bootstrap checks failed
system call filters failed to install; check the logs and fix your
configuration or disable system call filters at your own risk;
```

因为 CentOS 6 不支持 SecComp，而 ES 5.3.0 默认 bootstrap.system_call_filter 为 true 进行检测，所以导致检测失败，失败后直接导致 ElasticSearch 不能启动。

Seccomp（全称 securecomputing mode）是 Linux Kernel 从 2.6.23 版本开始支持的一种安全机制。

在 Linux 系统里，大量的系统调用（systemcall）直接暴露给用户态程序。但是并不是所有的系统调用都被需要，不安全的代码滥用系统调用会对系统造成安全威胁。通过 Seccomp 限制程序使用某些系统调用，这样可以减少系统的暴露面，同时使程序进入一种“安全”的状态。

解决方法：在 elasticsearch.yml 中配置 bootstrap.system_call_filter 为 false，注意要在 Memory 下面配置。

```
bootstrap.memory_lock: false
bootstrap.system_call_filter: false
```

（2）内核参数设置问题。

报错内容如下：

```
max file descriptors [4096] for elasticsearch process is too low, increase
to at least [65536]
max number of threads [1024] for user [hadoop] is too low, increase to at
least [2048]
max virtual memory areas vm.max_map_count [65530] is too low, increase to
at least [262144]
```

解决方法如下：

```
vim /etc/security/limits.conf
* soft nofile 65536
* hard nofile 65536
vim /etc/security/limits.d/90-nproc.conf
soft  nproc  2048
vi /etc/sysctl.conf
vm.max_map_count=655360
```

Max_map_count 文件包含一个值，用于限制一个进程可以拥有的 VMA（虚拟内存区域）的数量。虚拟内存区域是一个连续的虚拟地址空间区域。在进程的生命周期中，每当程序尝试在内存中映射文件，链接到共享内存段，或者分配堆空间的时候，这些区域将被创建。

调整优化这个值将限制进程可拥有 VMA 的数量。限制一个进程拥有 VMA 的总数可能导致应用程序出错，因为当进程达到了 VMA 上限但又只能释放少量的内存给其他内核进程使用时，操作系统会抛出内存不足的错误。

如果操作系统在 Normal 区域仅占用少量的内存，那么调低这个值可以帮助释放内存给内核用。

至此 ElasticSearch 配置完毕，如果想配置 ElasticSearch 集群模式，只需要复制 ElasticSearch

副本集，然后修改相应的参数即可。

5.4　ElasticSearch 插件部署实战

ElasticSearch 老版本（5.x 以下）部署 ElasticSearch-head 插件方法如下：

```
cd /usr/local/elasticsearch;
./bin/plugin install mobz/elasticsearch-head
```

访问 ElasticSearch 插件，地址为 http://192.168.111.128:9200/_plugin/head/，如图 5-5 所示。

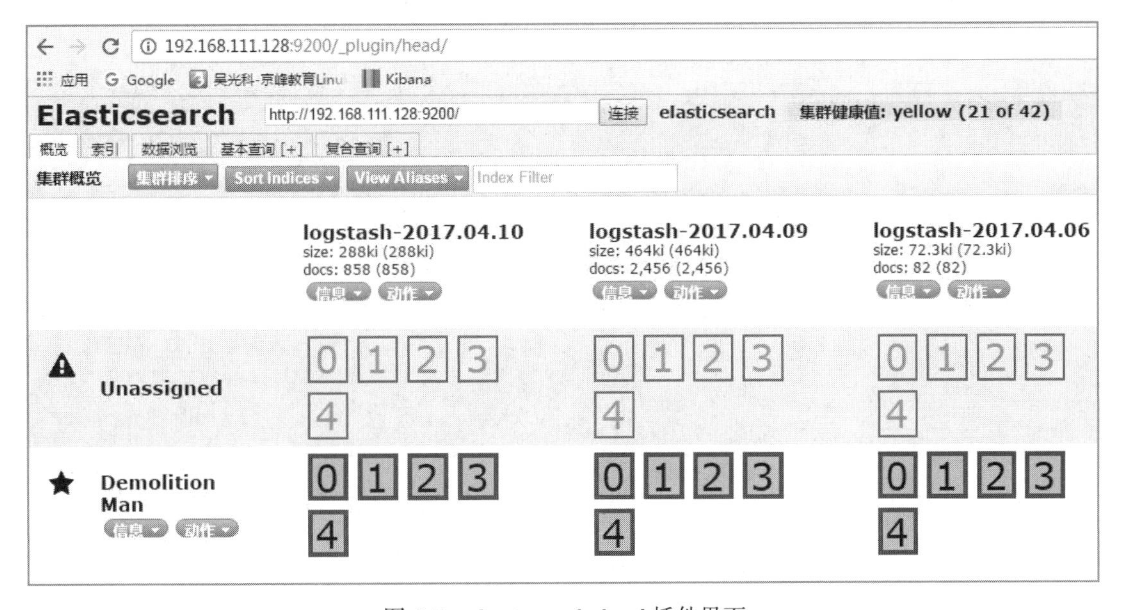

图 5-5　elasticsearch-head 插件界面

elasticsearch-head 是 ElasticSearch 的集群管理工具，是完全由 HTML5 编写的独立网页程序，通过插件安装到 ElasticSearch，然后重启 ElasticSearch，通过界面访问和管理即可。

ElasticSearch 新版本（5.x 以上）部署 elasticsearch-head 插件方法如下。

（1）安装 nodejs 和 npm。

```
yum -y install nodejs npm
```

（2）下载源码并安装。

```
git clone https://github.com/mobz/elasticsearch-head.git
cd elasticsearch-head/
```

```
#基于国内淘宝网站镜像安装 grunt
npm install -g grunt --registry=https://registry.npm.taobao.org
#安装 elasticsearch-head 插件
npm install
#npm install --registry=https://registry.npm.taobao.org
#ElasticSearch 配置修改和 elasticsearch-head 插件源码修改
```

（3）修改 elasticsearch.yml，增加跨域的配置。

```
http.cors.enabled: true
http.cors.allow-origin: "*"
```

（4）编辑 elasticsearch-head/Gruntfile.js，修改服务器监听地址。

增加 hostname 属性，将其值设置为*，以下两种配置任选一种。

```
# Type1
connect: {
        hostname: '*',
        server: {
                options: {
                        port: 9100,
                        base: '.',
                        keepalive: true
                }
        }
}
# Type 2
connect: {
        server: {
                options: {
                        hostname: '*',
                        port: 9100,
                        base: '.',
                        keepalive: true
                }
        }
}
```

（5）编辑 head/_site/app.js，修改 elasticsearch-head 连接 ElasticSearch 的地址。

将如下 app-base_uri 中的 localhost 修改为 ElasticSearch 的 IP 地址，代码如下：

```
this.base_uri = this.config.base_uri || this.prefs.get("app-base_uri") ||
"http://localhost:9200";
```

修改完成后，最终显示代码如下：

```
this.base_uri = this.config.base_uri || this.prefs.get("app-base_uri") ||
"http://192.168.1.161:9200";
```

（6）启动 elasticsearch-head 独立服务。

```
cd elasticsearch-head/
nohup ./node_modules/grunt/bin/grunt server &
```

访问 elasticsearch-head 插件，如图 5-6 所示。

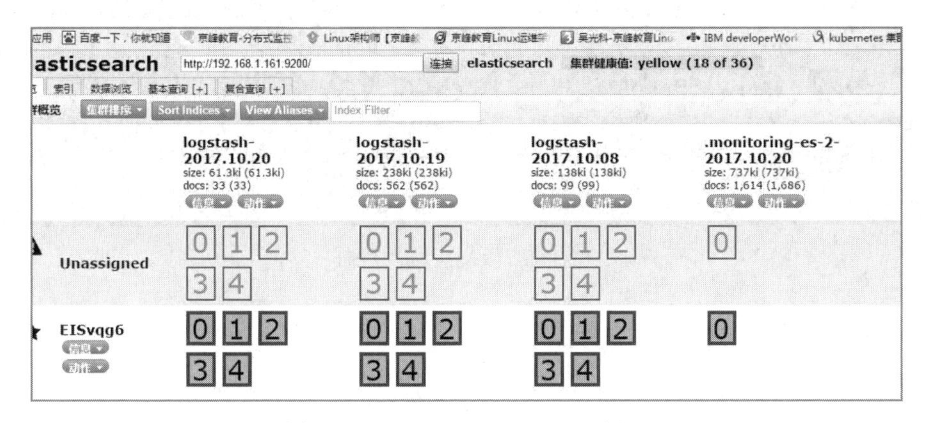

图 5-6　elasticsearch-head Web 界面

5.5　Kibana Web 安装配置

（1）基于二进制 Tar 压缩包方式，安装 Kibana 程序，操作步骤如下：

```
#官网下载 Kibana 软件包
ls -l kibana-7.2.0-linux-x86_64.tar.gz
#通过 Tar 工具对其解压缩
tar xzf kibana-7.2.0-linux-x86_64.tar.gz
#将解压后的 Kibana 程序部署至/usr/local/目录下
mv kibana-7.2.0-linux-x86_64 /usr/local/kibana
#查看 Kibana 是否部署成功
ls -l /usr/local/kibana/
#切换至 Kibana 程序目录
cd /usr/local/kibana/
```

（2）修改 Kibana 配置文件信息，设置 ElasticSearch 地址，代码如下，如图 5-7 所示。

```
vim /usr/local/kibana/config/kibana.yml
```

```
# Kibana is served by a back end server. This controls which
server.port: 5601

# The host to bind the server to.
server.host: "0.0.0.0"

# If you are running kibana behind a proxy, and want to mount
# specify that path here. The basePath can't end in a slash.
# server.basePath: ""

# The maximum payload size in bytes on incoming server reques
# server.maxPayloadBytes: 1048576

# The Elasticsearch instance to use for all your queries.
elasticsearch.url: "http://192.168.111.128:9200"

# preserve_elasticsearch_host true will send the hostname spe
# then the host you use to connect to *this* Kibana instance
```

图 5-7　Kibana ElasticSearch 地址设置

（3）将 Kibana 设置中文。

```
cat>>/usr/local/kibana/config/kibana.yml <<EOF
i18n.locale: "zh-CN"
EOF
```

（4）启动 Kibana 服务即可。

```
nohup sh kibana --allow-root &
```

（5）通过浏览器访问 Kibana 5601 端口，如图 5-8 所示。

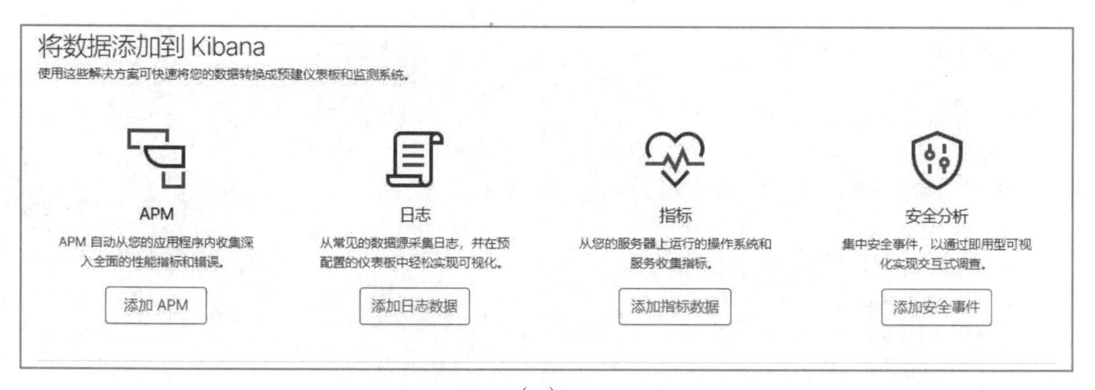

（a）

图 5-8　Kibana Web 界面

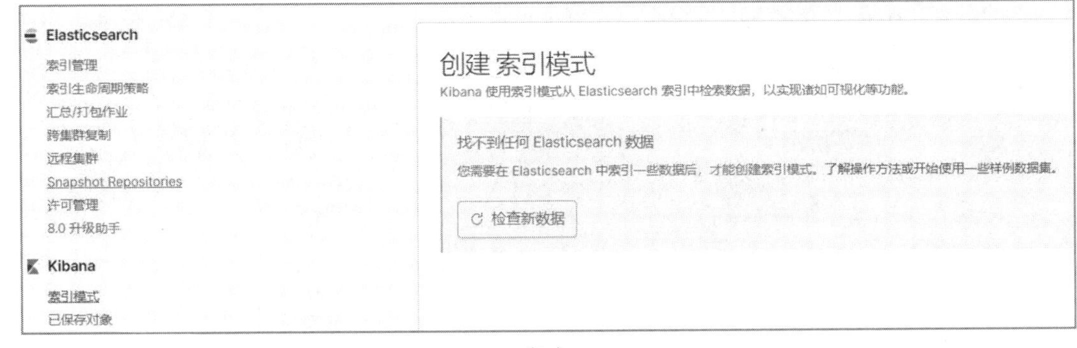

（b）

图 5-8　（续）

5.6　Logstash 客户端配置实战

（1）配置 JDK 环境，在 etc/profile 中添加如下代码：

```
export JAVA_HOME=/usr/java/jdk11.0_10
export CLASSPATH=$CLASSPATH:$JAVA_HOME/lib:$JAVA_HOME/jre/lib
export PATH=$JAVA_HOME/bin:$JAVA_HOME/jre/bin:$PATH:$HOME/bin
```

（2）基于二进制 Tar 压缩包方式安装 Kibana 程序，操作步骤如下：

```
#官网下载 Logstash 软件包
ls -l logstash-7.2.0.tar.gz
#通过 Tar 工具对其解压缩
tar xzf logstash-7.2.0.tar.gz
#将解压后的 Logstash 程序部署至/usr/local/路径下
mv logstash-7.2.0 /usr/local/logstash/
#查看 Logstash 是否部署成功
ls -l /usr/local/logstash/
#切换至 Logstash 程序目录
cd /usr/local/logstash/
```

5.7　ELK 收集系统标准日志

创建收集日志配置目录。

```
mkdir -p /usr/local/logstash/config/etc/
```

```
cd /usr/local/logstash/config/etc/
```

创建 ELK 整合配置文件 vim logstash.conf，内容如下：

```
input {
 stdin { }
}
output {
 stdout {
 codec => rubydebug {}
}
 elasticsearch {
 hosts => "192.168.111.128" }
}
```

启动 Logstash 服务，如图 5-9 所示。

```
/usr/local/logstash/bin/logstash  -f  logstash.conf
```

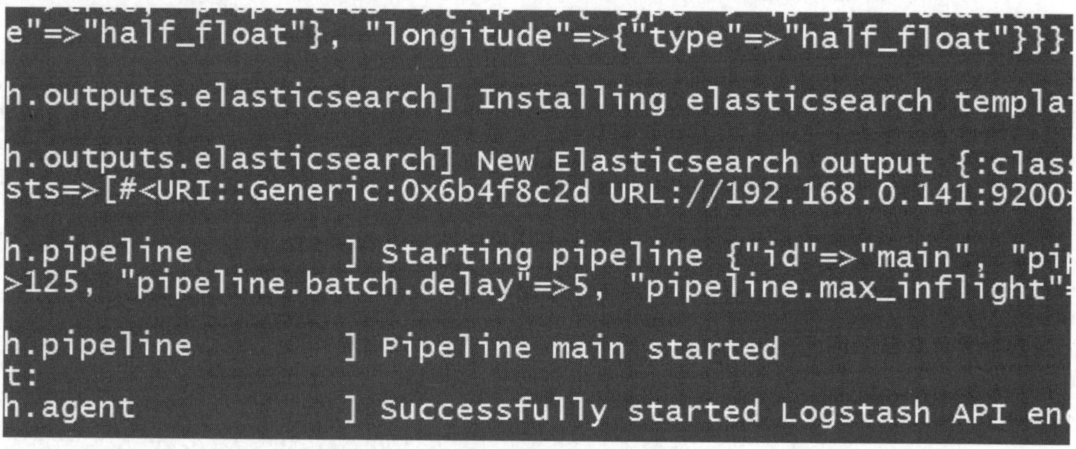

```
e"=>"half_float"}, "longitude"=>{"type"=>"half_float"}}}

h.outputs.elasticsearch] Installing elasticsearch templa

h.outputs.elasticsearch] New Elasticsearch output {:clas
sts=>[#<URI::Generic:0x6b4f8c2d URL://192.168.0.141:9200

h.pipeline          ] Starting pipeline {"id"=>"main", "pi
>125, "pipeline.batch.delay"=>5, "pipeline.max_inflight"

h.pipeline          ] Pipeline main started
t:
h.agent             ] Successfully started Logstash API en
```

图 5-9 Logstash 客户端启动日志

5.8 ELK-Web 日志数据图表

Logstash 启动窗口中输入任意信息，会自动输出相应格式的日志信息，如图 5-10 所示。

浏览器访问 Kibana，地址为 http://192.168.111.129:5601/，如图 5-11 所示。

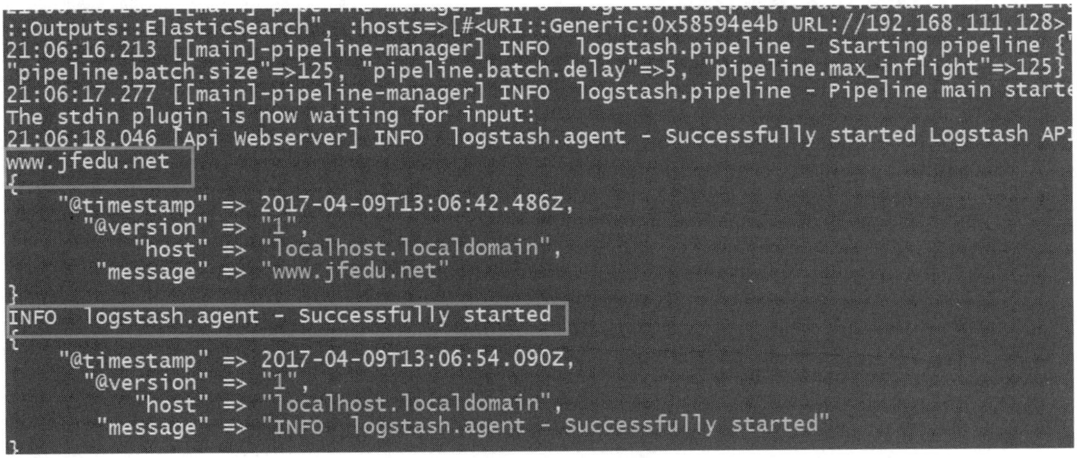

```
::Outputs::ElasticSearch", :hosts=>[#<URI::Generic:0x58594e4b URL://192.168.111.128>
21:06:16.213 [[main]-pipeline-manager] INFO  logstash.pipeline - Starting pipeline {
"pipeline.batch.size"=>125, "pipeline.batch.delay"=>5, "pipeline.max_inflight"=>125}
21:06:17.277 [[main]-pipeline-manager] INFO  logstash.pipeline - Pipeline main starte
The stdin plugin is now waiting for input:
21:06:18.046 [Api Webserver] INFO  logstash.agent - Successfully started Logstash API
www.jfedu.net
{
    "@timestamp" => 2017-04-09T13:06:42.486Z,
      "@version" => "1",
          "host" => "localhost.localdomain",
       "message" => "www.jfedu.net"
}
INFO  logstash.agent - Successfully started
{
    "@timestamp" => 2017-04-09T13:06:54.090Z,
      "@version" => "1",
          "host" => "localhost.localdomain",
       "message" => "INFO  logstash.agent - Successfully started"
}
```

图 5-10 Logstash 客户端输入日志

创建 索引模式

Kibana 使用索引模式从 Elasticsearch 索引中检索数据，以实现诸如可视化等功能。

包括系统索引

第 2 步（共 2 步）：配置设置

您已将 “logstash-*” 定义为 “索引模式”。现在，在我们创建之前，您可以指定一些设置。

时间筛选字段名称 刷新

@timestamp

时间筛选将使用此字段按时间筛选您的数据。
您可以选择不使用时间字段，但将无法通过时间范围缩小您的数据范围。

显示高级选项

上一步 创建索引模式

（a）

logstash-*

时间筛选字段名称：@timestamp

此页根据 Elasticsearch 的记录列出“logstash-*”索引中的每个字段以及字段的关联核心类型。要更改字段类型，请使用 Elasticsearch 映射 API

字段 (14) 脚本字段 (0) 源筛选 (0)

筛选 所有字段类型

名称	类型	格式	可搜索	可聚合	已排除
@timestamp	date		•	•	
@version	string		•	•	
_id	string		•	•	

（b）

图 5-11 Kibana Web 界面

为了使用 Kibana，必须配置至少一个索引模式，用于确认 ElasticSearch 索引，用来运行搜索和分析，也可以用于配置字段。

```
Index contains time-based events                       #索引基于时间的事件
Use event times to create index names [DEPRECATED] #使用事件时间创建索引名字
                                                       #【过时】
Index  name  or  pattern                               #索引名字或者模式
#模式允许定义动态的索引名字,使用*作为通配符,例如默认:
logstash-*
#选择
Time  field  name;
```

单击 Discover，可以搜索和浏览 elasticsearch 中的数据，默认搜索的是最近 15min 的数据。可以自定义选择时间，如图 5-12 所示。

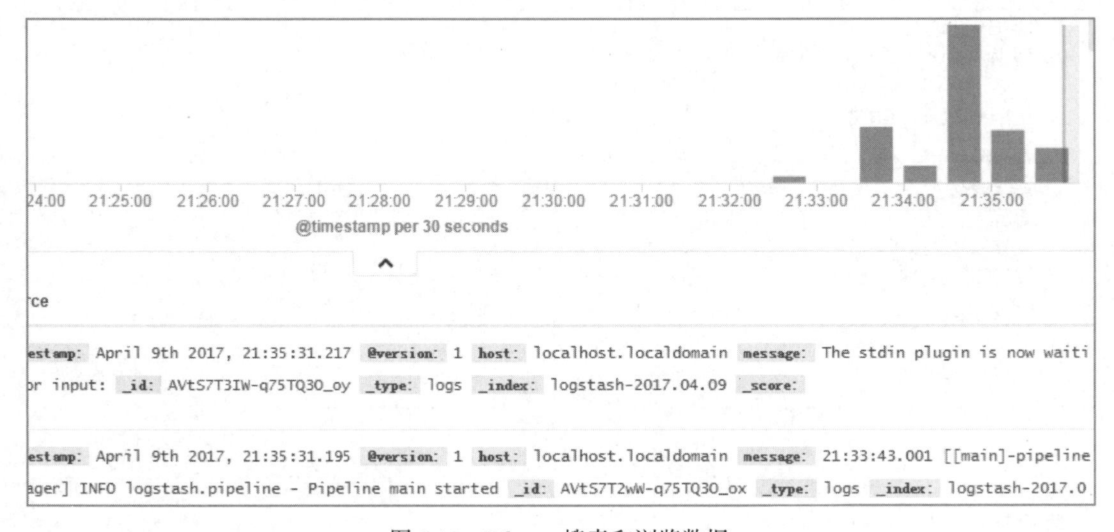

图 5-12　Kibana 搜索和浏览数据

5.9 ELK-Web 中文汉化支持

Kibana Web 平台所有的字段均显示为英文。ELK 7.x 自带中文，但是需要手动开启（在 Kibana 配置文件末尾加入 i18n.locale: "zh-CN"即可）。5.x 版本默认没有中文汉化插件或者汉化包，感谢 Github 开源贡献者开发了汉化包，汉化包插件地址为 https://github.com/anbai-inc/Kibana_Hanization，如图 5-13 所示。

RedFree 修复汉化导致搜索框不响应的问题

config	修复汉化导致搜索框不响应的问题
image	添加grok debugger效果图
README.md	添加grok debugger效果图
main.py	first commit
requirements.txt	Kibana汉化项目

README.md

（a）

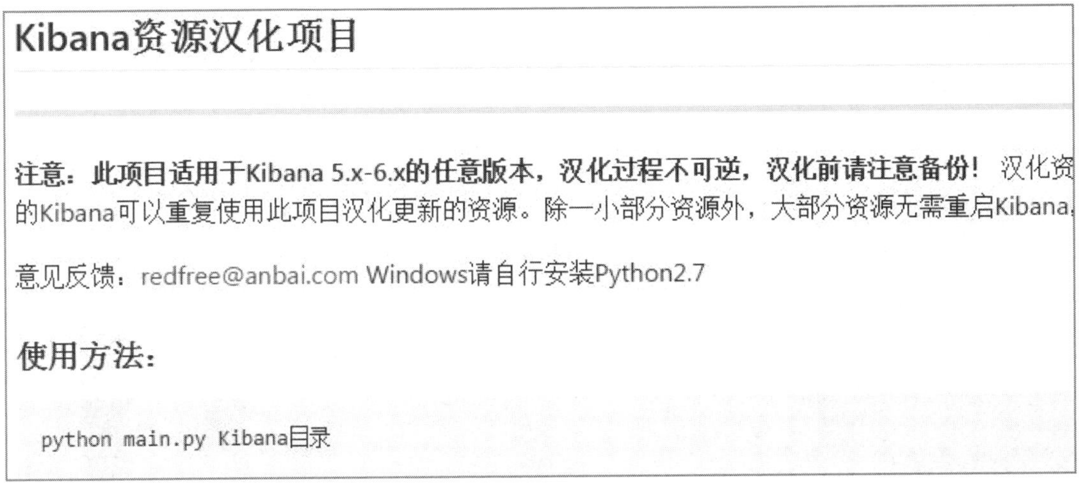

Kibana资源汉化项目

注意：此项目适用于Kibana 5.x-6.x的任意版本，汉化过程不可逆，汉化前请注意备份！ 汉化资
的Kibana可以重复使用此项目汉化更新的资源。除一小部分资源外，大部分资源无需重启Kibana,

意见反馈：redfree@anbai.com Windows请自行安装Python2.7

使用方法：

```
python main.py Kibana目录
```

（b）

图 5-13　Kibana 汉化插件

Kibana 汉化包适用于 Kibana 5.x–6.x 的任意版本，汉化过程不可逆，汉化前请注意备份。汉化资源会慢慢更新完善，已汉化过的 Kibana 可以重复使用此汉化包更新的资源。

除一小部分资源外，大部分资源无须重启 Kibana，刷新页面即可看到效果。Kibana 汉化方法和步骤如下。

（1）Github 仓库下载 Kibana 中文汉化包，下载指令如下：

```
git clone https://github.com/anbai-inc/Kibana_Hanization.git
#wget http://bbs.jingfengjiaoyu.com/download/Kibana_Hanization_2021.tar.gz
```

（2）切换至 Kibana_Hanization 目录，并执行汉化过程。

```
cd  Kibana_Hanization/
python main.py /usr/local/kibana/            #此处为系统 Kibana 安装路径
```

（3）重启 Kibana 服务即可。通过浏览器访问，如图 5-14 所示。

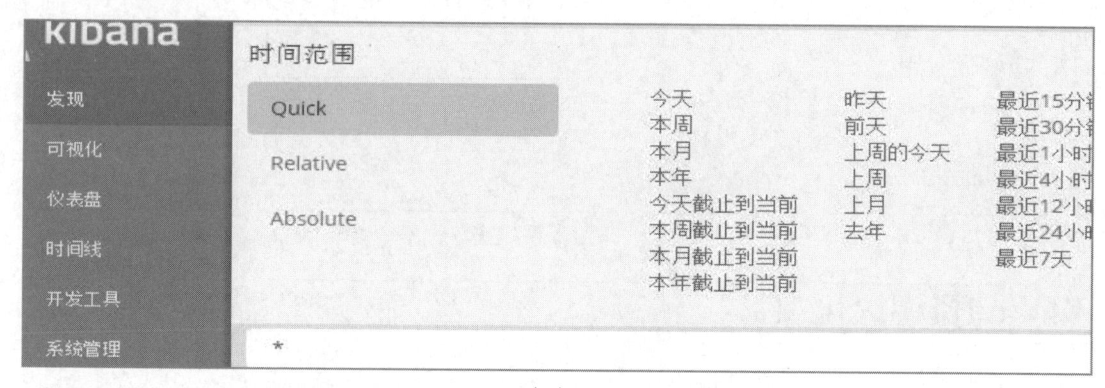

（a）

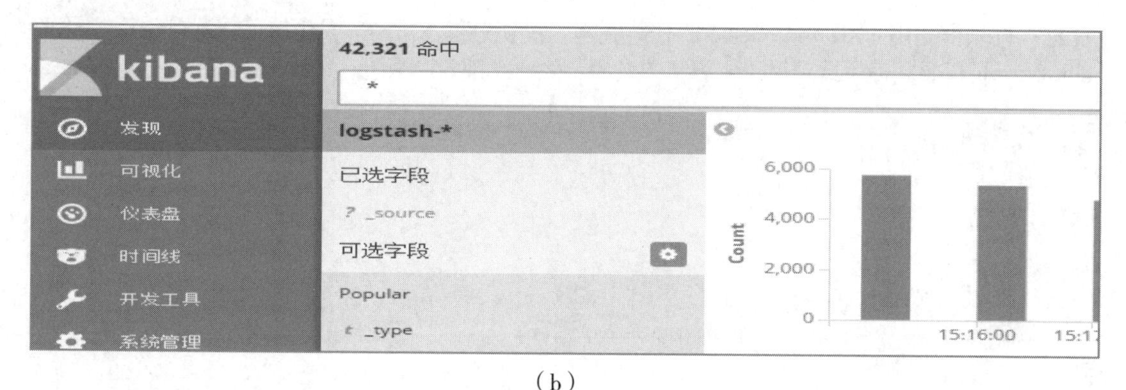

（b）

图 5-14　Kibana 汉化界面

5.10　Logstash 配置详解

Logstash 是一个开源的数据收集引擎，具有实时数据传输能力。它可以统一过滤来自不同源的数据，并按照开发者制定的规范输出到目的地。

Logstash 通过管道进行运作，管道有两个必需的元素——输入和输出，还有一个可选的元素——过滤器。输入插件从数据源获取数据，过滤器插件根据用户指定的数据格式修改数据，输出插件则将数据写到目的地，如图 5-15 所示。

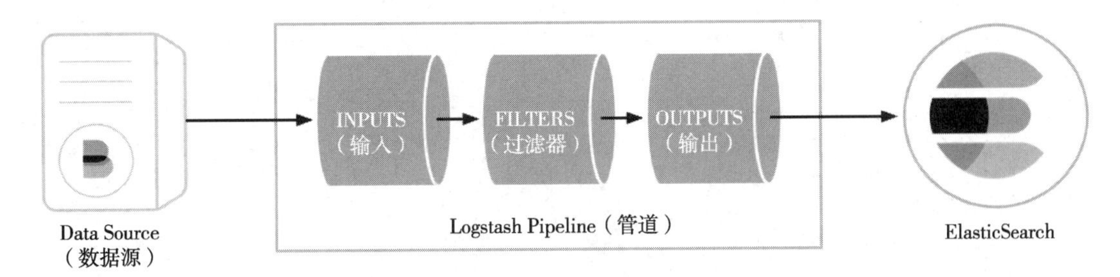

图 5-15　Logstash 管道结构图

使用 Logstash 之前，需要了解一个概念：事件。Logstash 每读取一次数据的行为叫作一个事件。Logstach 目录中创建一个配置文件，命名为 logstash.conf 或其他。

Logstash 过滤器插件位于 Logstash 管道的中间位置，对事件执行过滤处理，配置在 filter {}，且可以配置多个，使用 grok 插件演示，grok 插件用于过滤杂乱的内容，将其结构化，增加可读性。输入如下代码，效果如图 5-16 所示。

```
input {
    stdin {}
}
filter {
    grok {
    match => { "message" => "%{IP:client} %{WORD:method} %{URIPATHPARAM:
request} %{NUMBER:bytes} %{NUMBER:duration}" }
    }
}
output {
    stdout {
      codec => "rubydebug"
    }
}
```

输入如下代码，效果如图 5-17 所示。

```
192.168.0.111 GET /index.html 13843 0.059
```

```
[root@192-168-0-123 etc]# cat jfedu.conf
input {
    stdin {}
}
filter {
    grok {
        match => { "message" => "%{IP:client} %{WORD:method} %{
s} %{NUMBER:duration}" }
    }
}
output {
    stdout {
        codec => "rubydebug"
    }
}
[root@192-168-0-123 etc]#
```

图 5-16 配置 grok

```
[root@192-168-0-123 etc]# ../bin/logstash -f jfedu.conf
Sending Logstash's logs to /usr/local/logstash/logs which is now
[2018-05-24T18:09:25,584][INFO ][logstash.pipeline        ] Star
line.workers"=>1, "pipeline.batch.size"=>125, "pipeline.batch.de
125}
[2018-05-24T18:09:25,648][INFO ][logstash.pipeline        ] Pipe
The stdin plugin is now waiting for input:
[2018-05-24T18:09:25,781][INFO ][logstash.agent           ] Succ
oint {:port=>9601}
192.168.0.111 GET /index.html 13843 0.059
{
      "duration" => "0.059",
       "request" => "/index.html",
    "@timestamp" => 2018-05-24T10:09:30.151Z,
        "method" => "GET",
         "bytes" => "13843",
      "@version" => "1",
          "host" => "192-168-0-123",
        "client" => "192.168.0.111",
       "message" => "192.168.0.111 GET /index.html 13843 0.059"
}
```

图 5-17 Logstash 日志过滤

Grok 内置的默认类型有很多种，可以通过官网查看支持的类型，官网地址如下，如图 5-18 所示。

```
https://github.com/logstash-plugins/logstash-patterns-core/blob/master/
patterns/grok-patterns
```

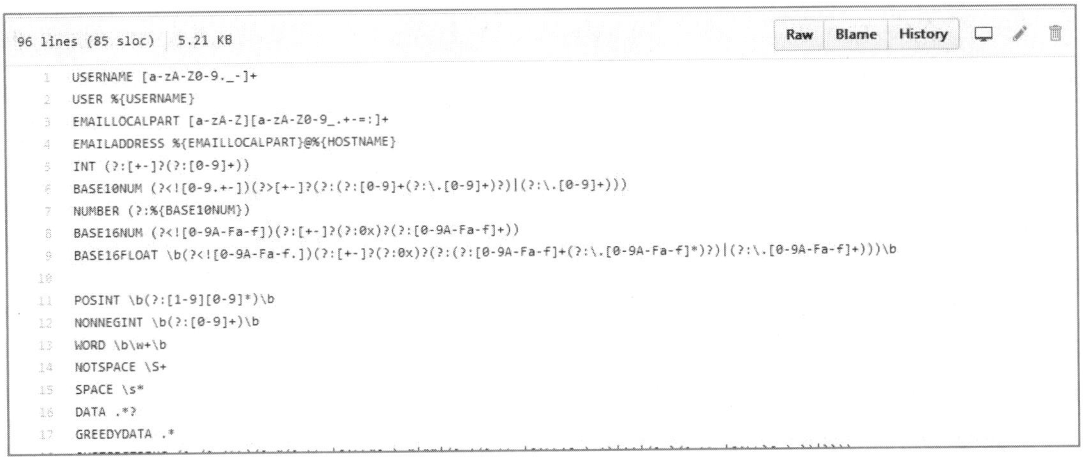

```
96 lines (85 sloc) | 5.21 KB                                  Raw  Blame  History
1  USERNAME [a-zA-Z0-9._-]+
2  USER %{USERNAME}
3  EMAILLOCALPART [a-zA-Z][a-zA-Z0-9_.+-=:]+
4  EMAILADDRESS %{EMAILLOCALPART}@%{HOSTNAME}
5  INT (?:[+-]?(?:[0-9]+))
6  BASE10NUM (?<![0-9.+-])(?>[+-]?(?:(?:[0-9]+(?:\.[0-9]+)?)|(?:\.[0-9]+)))
7  NUMBER (?:%{BASE10NUM})
8  BASE16NUM (?<![0-9A-Fa-f])(?:[+-]?(?:0x)?(?:[0-9A-Fa-f]+))
9  BASE16FLOAT \b(?<![0-9A-Fa-f.])(?:[+-]?(?:0x)?(?:(?:[0-9A-Fa-f]+(?:\.[0-9A-Fa-f]*)?)|(?:\.[0-9A-Fa-f]+)))\b
10
11 POSINT \b(?:[1-9][0-9]*)\b
12 NONNEGINT \b(?:[0-9]+)\b
13 WORD \b\w+\b
14 NOTSPACE \S+
15 SPACE \s*
16 DATA .*?
17 GREEDYDATA .*
```

图 5-18　Logstash grok 正则

```
USERNAME [a-zA-Z0-9._-]+
USER %{USERNAME}
EMAILLOCALPART [a-zA-Z][a-zA-Z0-9_.+-=:]+
EMAILADDRESS %{EMAILLOCALPART}@%{HOSTNAME}
INT (?:[+-]?(?:[0-9]+))
BASE10NUM (?<![0-9.+-])(?>[+-]?(?:(?:[0-9]+(?:\.[0-9]+)?)|(?:\.[0-9]+)))
NUMBER (?:%{BASE10NUM})
BASE16NUM (?<![0-9A-Fa-f])(?:[+-]?(?:0x)?(?:[0-9A-Fa-f]+))
BASE16FLOAT \b(?<![0-9A-Fa-f.])(?:[+-]?(?:0x)?(?:(?:[0-9A-Fa-f]+(?:\.[0-
9A-Fa-f]*)?)|(?:\.[0-9A-Fa-f]+)))\b
POSINT \b(?:[1-9][0-9]*)\b
NONNEGINT \b(?:[0-9]+)\b
WORD \b\w+\b
NOTSPACE \S+
SPACE \s*
DATA .*?
GREEDYDATA .*
QUOTEDSTRING (?>(?<!\\)(?>"(?>\\.|[^\\"]+)+"|""|(?>'(?>\\.|[^\\']+)+')|''
|(?>`(?>\\.|[^\\`]+)+`)|``))
UUID [A-Fa-f0-9]{8}-(?:[A-Fa-f0-9]{4}-){3}[A-Fa-f0-9]{12}
# URN, allowing use of RFC 2141 section 2.3 reserved characters
URN urn:[0-9A-Za-z][0-9A-Za-z-]{0,31}:(?:%[0-9a-fA-F]{2}|[0-9A-Za-z()+,
.:=@;$_!*'/?#-])+
```

使用自定义的 grok 类型。更多时候 logstash grok 没办法提供所需要的匹配类型，这个时候可以使用自定义。

（1）直接使用 oniguruma 语法匹配文本片段，语法如下：

```
(?<field_name>the pattern here)
```

假设需要匹配的文本片段为一个长度为 10 或 11 的十六进制的值，使用下列语法可以获取该片段，并把值赋予 queue_id，配置如下：

```
(?<queue_id>[0-9A-F]{10,11})
192.168.0.111 GET /index.html 15824 0.043 1
```

（2）创建自定义 pattern 文件。

创建文件夹 patterns，在此文件夹下面创建一个文件，文件名随意，例如：

```
postfix;
mkdir patterns
POSTFIX_QUEUEID [0-9A-F]{10,11}
input {
    stdin {}
}
filter {
grok {
 patterns_dir => ["./patterns"]
 match => { "message" => "%{IP:client_id_address} %{WORD:method}
%{URIPATHPARAM:request} %{NUMBER:bytes} %{NUMBER:http_response_time}
%{POSTFIX_QUEUEID:queue_id}" }
 }
}
output {
    stdout {
       codec => "rubydebug"
    }
}
```

然后在命令行终端输入如下代码，如图 5-19 所示。

```
192.168.0.111 GET /index.html 15824 0.043 ABC24C98567
```

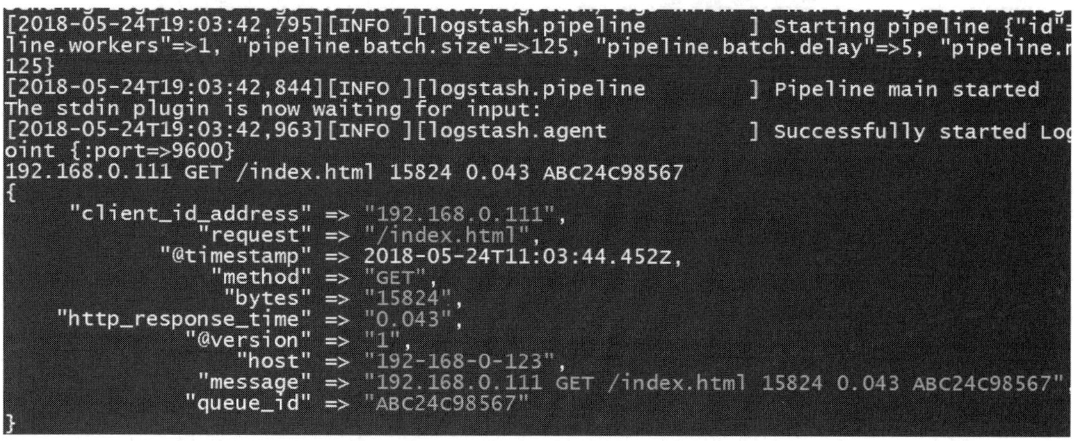

```
[2018-05-24T19:03:42,795][INFO ][logstash.pipeline        ] Starting pipeline {"id"=
line.workers"=>1, "pipeline.batch.size"=>125, "pipeline.batch.delay"=>5, "pipeline.r
125}
[2018-05-24T19:03:42,844][INFO ][logstash.pipeline        ] Pipeline main started
The stdin plugin is now waiting for input:
[2018-05-24T19:03:42,963][INFO ][logstash.agent           ] Successfully started Log
oint {:port=>9600}
192.168.0.111 GET /index.html 15824 0.043 ABC24C98567
{
     "client_id_address" => "192.168.0.111",
               "request" => "/index.html",
            "@timestamp" => 2018-05-24T11:03:44.452Z,
                "method" => "GET",
                 "bytes" => "15824",
    "http_response_time" => "0.043",
              "@version" => "1",
                  "host" => "192-168-0-123",
               "message" => "192.168.0.111 GET /index.html 15824 0.043 ABC24C98567"
              "queue_id" => "ABC24C98567"
}
```

图 5-19　Logstash 日志正则

5.11　Logstash 自定义索引实战

默认情况下，Logstash 客户端采集的日志，在 ElasticSearch 存储中索引名称为 logstash-*，可以根据需求修改索引的名称，例如根据不同的日志类型命名，以 Nginx 为例，可命名为 nginx-*。

如何将默认 Logstash 索引名称修改为 nginx 开头呢？

（1）修改 Logstash 日志收集配置文件 jfedu.conf，添加如下代码即可。

```
input {
 stdin { }
}
output {
  elasticsearch {
  hosts => ["localhost:9200"]
  index => ["nginx-%{+YYYY-MM-dd}"]
 }
}
```

（2）重启 Logstash 服务。

```
cd /usr/local/logstash/config/
../bin/logstash -f jfedu.conf
```

（3）查看 Logstash 服务启动日志，代码如下，如图 5-20 所示。

```
tail -fn 30 nohup.out
```

```
[INFO ][logstash.outputs.elasticsearch] Attempting to install template {:manage_template=>{"
-*", "version"=>60001, "settings"=>{"index.refresh_interval"=>"5s", "number_of_shards"=>1},
lates"=>[{"message_field"=>{"path_match"=>"message", "match_mapping_type"=>"string", "mappir
s"=>false}}}, {"string_fields"=>{"match"=>"*", "match_mapping_type"=>"string", "mapping"=>{"
lse, "fields"=>{"keyword"=>{"type"=>"keyword", "ignore_above"=>256}}}}}], "properties"=>{"@t
}, "@version"=>{"type"=>"keyword"}, "geoip"=>{"dynamic"=>true, "properties"=>{"ip"=>{"type"=
"=>"geo_point"}, "latitude"=>{"type"=>"half_float"}, "longitude"=>{"type"=>"half_float"}}}}}

[INFO ][logstash.javapipeline    ] Pipeline started {"pipeline.id"=>"main"}
aiting for input:
[INFO ][logstash.agent           ] Pipelines running {:count=>1, :running_pipelines=>[:main]
[]}
[INFO ][logstash.agent           ] Successfully started Logstash API endpoint {:port=>9600}
```

图 5-20　Logstash 启动日志

（4）登录 Kibana Web 界面，创建索引，如图 5-21 所示。

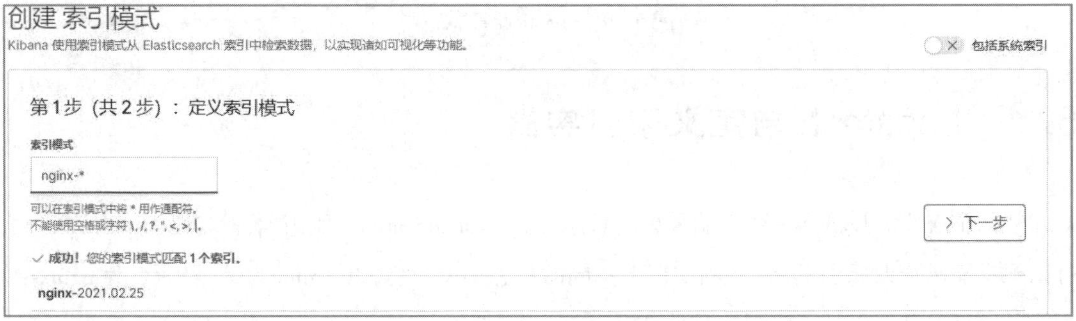

创建 索引模式

Kibana 使用索引模式从 Elasticsearch 索引中检索数据，以实现诸如可视化等功能。　　包括系统索引

第 1 步（共 2 步）：定义索引模式

索引模式

nginx-*

可以在索引模式中将 * 用作通配符。
不能使用空格或字符 \, /, ?, ", <, >, |.

> 下一步

✓ 成功！您的索引模式匹配 1 个索引。

nginx-2021.02.25

（a）

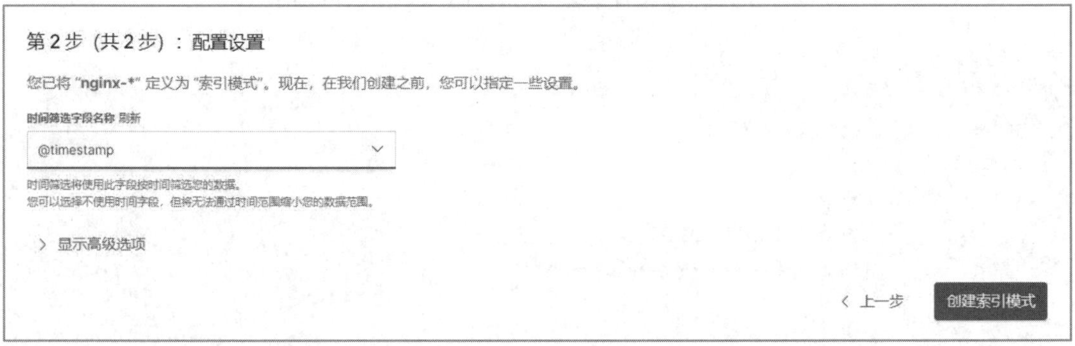

第 2 步（共 2 步）：配置设置

您已将 "nginx-*" 定义为 "索引模式"。现在，在我们创建之前，您可以指定一些设置。

时间筛选字段名称 刷新

@timestamp

时间筛选将使用此字段按时间筛选您的数据。
您可以选择不使用时间字段，但将无法通过时间范围缩小您的数据范围。

> 显示高级选项

< 上一步　　创建索引模式

（b）

图 5-21　Kibana Web 界面

5.12　Grok 语法格式剖析

Grok 支持以正则表达式的方式提取所需要的信息，正则表达式又分两种：一种是内置的正则表达式，另一种是自定义的正则表达式。

（1）内置的正则表达式方式，下面的写法表示从输入的消息中提取 IP 字段，并命名为 sip。

```
%{IP:sip}
```

（2）自定义的正则表达式，开始与终止符分别为“(?”与“?)”，下面的写法表示获取除“,”以外的字符，并命名为 log_type。

```
(?<log_type>[^,]+?)
```

Grok 具体的语法参数如下：

```
%{SYNTAX:SEMANTIC}
#SYNTAX 代表匹配值的类型,例如,0.11 可以 NUMBER 类型所匹配,#10.222.22.25 可以使用 IP
#匹配
#SEMANTIC 表示存储该值的一个变量声明,它会存储在 elasticsearch
#当中方便 kibana 做字段搜索和统计,可以将一个 IP 定义为客户端 IP 地址 client_
#ip_address
#例如: %{IP:client_ip_address},匹配值就会存储到 client_ip_address
#这个字段里边,类似数据库的列名,也可以把 event log 中的数字当成数字类型存储在一个指定
#的变量当中,响应时间为 http_response_time;
```

Grok 文本片段切分的案例如下：

```
input {
    stdin {}
}
filter {
    grok {
    match => { "message" => "%{IP:client} %{WORD:method} %{URIPATHPARAM:
request} %{NUMBER:bytes} %{NUMBER:http_response_time}" }
    }
}
output {
    stdout {
      codec => "rubydebug"
    }
}
192.168.0.111 GET /index.html 13843 0.059
```

5.13 Redis 高性能加速实战

相关代码如下：

```
wget    http://download.redis.io/releases/redis-2.8.13.tar.gz
tar     zxf          redis-2.8.13.tar.gz
cd      redis-2.8.13
make    PREFIX=/usr/local/redis  install
cp      redis.conf     /usr/local/redis/
```

将/usr/local/redis/bin/目录加入环境变量配置文件/etc/profile 末尾，然后 Shell 终端执行 source /etc/profile 让环境变量生效。

```
export PATH=/usr/local/redis/bin:$PATH
```

Nohup 后台启动及停止 Redis 服务命令。

```
nohup /usr/local/redis/bin/redis-server  /usr/local/redis/redis.conf  &
/usr/local/redis/bin/redis-cli  -p  6379 shutdown
```

5.14 ELK 收集 MySQL 日志实战

切换到目录 usr/local/logstash/config/etc/，创建如下配置文件。

（1）日志采集：存入 Redis 缓存数据库。

创建 agent.conf 文件内容如下：

```
input {
   file {
      type => "mysql-access"
      path => "/var/log/mysqld.log"
   }
}
output {
   redis {
      host => "localhost"
      port => 6379
      data_type => "list"
      key => "logstash"
   }
}
```

启动 Agent，代码如下：

```
../bin/logstash -f agent.conf
```

（2）Redis 数据：存入 ES。

创建 index.conf 文件内容如下：

```
input {
  redis {
    host => "localhost"
    port => "6379"
    data_type => "list"
    key => "logstash"
    type => "redis-input"
    batch_count => 1
  }
}
output {
  elasticsearch {
    hosts => "192.168.111.128"
  }
}
```

启动 index，代码如下：

```
../bin/logstash -f index.conf
```

查看启动进程，如图 5-22 所示。

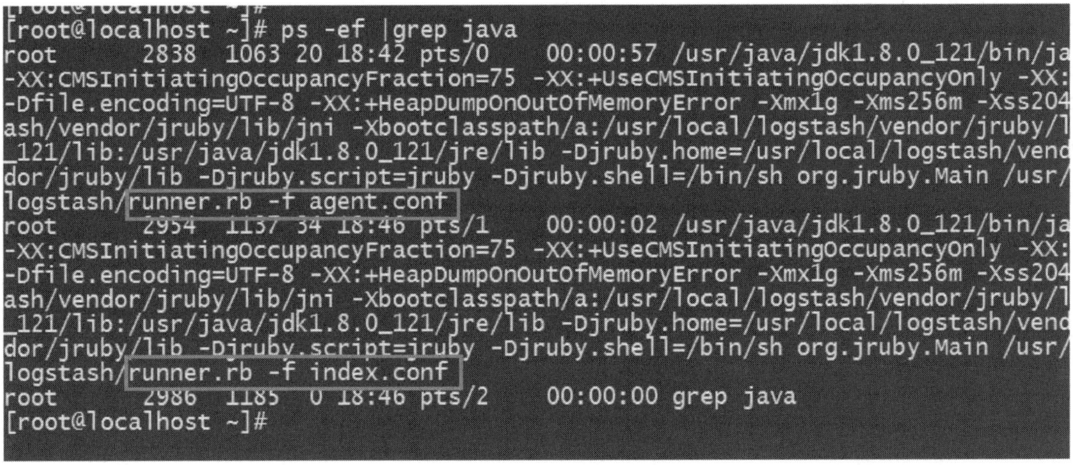

```
[root@localhost ~]# ps -ef |grep java
root      2838  1063 20 18:42 pts/0    00:00:57 /usr/java/jdk1.8.0_121/bin/ja
-XX:CMSInitiatingOccupancyFraction=75 -XX:+UseCMSInitiatingOccupancyOnly -XX:
-Dfile.encoding=UTF-8 -XX:+HeapDumpOnOutOfMemoryError -Xmx1g -Xms256m -Xss204
ash/vendor/jruby/lib/jni -Xbootclasspath/a:/usr/local/logstash/vendor/jruby/l
_121/lib:/usr/java/jdk1.8.0_121/jre/lib -Djruby.home=/usr/local/logstash/vend
dor/jruby/lib -Djruby.script=jruby -Djruby.shell=/bin/sh org.jruby.Main /usr/
logstash/runner.rb -f agent.conf
root      2954  1137 34 18:46 pts/1    00:00:02 /usr/java/jdk1.8.0_121/bin/ja
-XX:CMSInitiatingOccupancyFraction=75 -XX:+UseCMSInitiatingOccupancyOnly -XX:
-Dfile.encoding=UTF-8 -XX:+HeapDumpOnOutOfMemoryError -Xmx1g -Xms256m -Xss204
ash/vendor/jruby/lib/jni -Xbootclasspath/a:/usr/local/logstash/vendor/jruby/l
_121/lib:/usr/java/jdk1.8.0_121/jre/lib -Djruby.home=/usr/local/logstash/vend
dor/jruby/lib -Djruby.script=jruby -Djruby.shell=/bin/sh org.jruby.Main /usr/
logstash/runner.rb -f index.conf
root      2986  1185  0 18:46 pts/2    00:00:00 grep java
[root@localhost ~]#
```

图 5-22 查看启动进程

5.15 ELK 收集 Kernel 日志实战

切换到目录 usr/local/logstash/config/etc/，创建如下配置文件。

（1）日志采集：存入 Redis 缓存数据库。

创建 agent.conf 文件内容如下：

```
input {
   file {
      type => "kernel-message"
      path => "/var/log/messages"
   }
}
output {
    redis {
        host => "localhost"
        port => 6379
        data_type => "list"
        key => "logstash"
    }
}
```

启动 Agent，代码如下：

```
../bin/logstash  -f  agent.conf
```

（2）Redis 数据：存入 ElasticSearch。

创建 index.conf 文件内容如下：

```
input {
  redis {
    host => "localhost"
    port => "6379"
    data_type => "list"
    key => "logstash"
    type => "redis-input"
    batch_count => 1
  }
}
output {
  elasticsearch {
    hosts => "192.168.111.128"
```

```
    }
}
```

启动 index，代码如下：

```
../bin/logstash  -f  index.conf
```

查看启动进程，如图 5-23 所示。

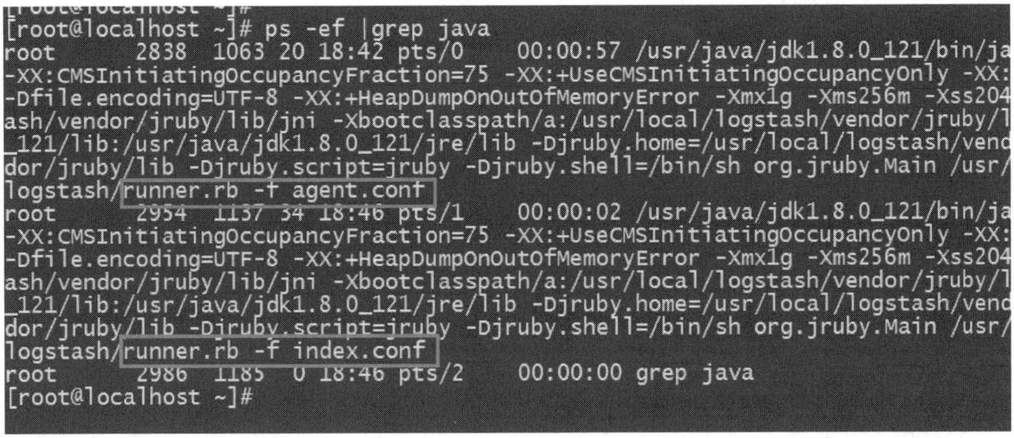

```
[root@localhost ~]# ps -ef |grep java
root      2838  1063 20 18:42 pts/0    00:00:57 /usr/java/jdk1.8.0_121/bin/ja
-XX:CMSInitiatingOccupancyFraction=75 -XX:+UseCMSInitiatingOccupancyOnly -XX:
-Dfile.encoding=UTF-8 -XX:+HeapDumpOnOutOfMemoryError -Xmx1g -Xms256m -Xss204
ash/vendor/jruby/lib/jni -Xbootclasspath/a:/usr/local/logstash/vendor/jruby/l
_121/lib:/usr/java/jdk1.8.0_121/jre/lib -Djruby.home=/usr/local/logstash/vend
dor/jruby/lib -Djruby.script=jruby -Djruby.shell=/bin/sh org.jruby.Main /usr/
logstash/runner.rb -f agent.conf
root      2954  1137 34 18:46 pts/1    00:00:02 /usr/java/jdk1.8.0_121/bin/ja
-XX:CMSInitiatingOccupancyFraction=75 -XX:+UseCMSInitiatingOccupancyOnly -XX:
-Dfile.encoding=UTF-8 -XX:+HeapDumpOnOutOfMemoryError -Xmx1g -Xms256m -Xss204
ash/vendor/jruby/lib/jni -Xbootclasspath/a:/usr/local/logstash/vendor/jruby/l
_121/lib:/usr/java/jdk1.8.0_121/jre/lib -Djruby.home=/usr/local/logstash/vend
dor/jruby/lib -Djruby.script=jruby -Djruby.shell=/bin/sh org.jruby.Main /usr/
logstash/runner.rb -f index.conf
root      2986  1185  0 18:46 pts/2    00:00:00 grep java
[root@localhost ~]#
```

图 5-23　ELK 收集 Kernel 日志

5.16　ELK 收集 Nginx 日志实战

切换到目录 usr/local/logstash/config/etc/，创建如下配置文件。

（1）日志采集：存入 Redis 缓存数据库。

创建 agent.conf 文件内容如下：

```
input {
  file {
     type => "nginx-access"
     path => "/usr/local/nginx/logs/access.log"
  }
}
output {
   redis {
      host => "localhost"
      port => 6379
      data_type => "list"
      key => "logstash"
```

```
    }
}
```

启动 Agent，代码如下：

```
../bin/logstash  -f  agent.conf
```

（2）Redis 数据：存入 ElasticSearch。

创建 index.conf 文件内容如下：

```
input {
  redis {
    host => "localhost"
    port => "6379"
    data_type => "list"
    key => "logstash"
    type => "redis-input"
    batch_count => 1
  }
}
output {
  elasticsearch {
    hosts => "192.168.111.128"
  }
}
```

启动 index，代码如下：

```
../bin/logstash  -f  index.conf
```

查看启动进程，如图 5-24 所示。

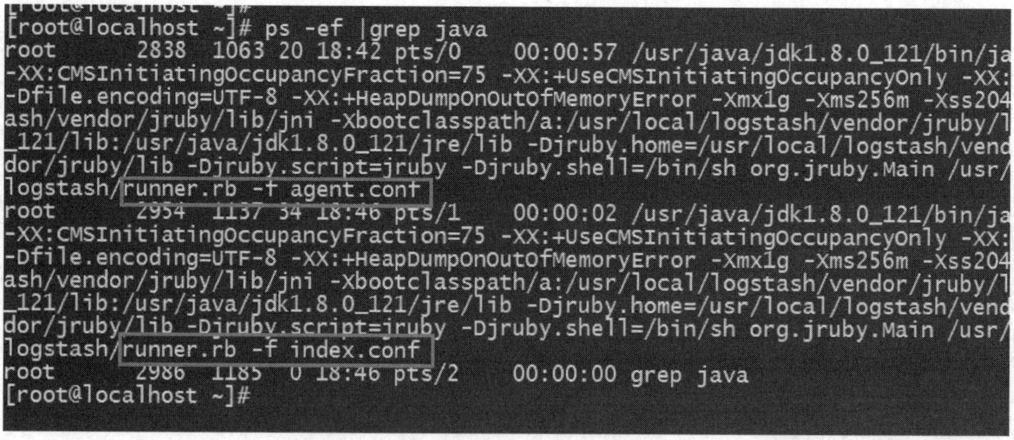

```
[root@localhost ~]# ps -ef |grep java
root      2838  1063 20 18:42 pts/0    00:00:57 /usr/java/jdk1.8.0_121/bin/ja
-XX:CMSInitiatingOccupancyFraction=75 -XX:+UseCMSInitiatingOccupancyOnly -XX:
-Dfile.encoding=UTF-8 -XX:+HeapDumpOnOutOfMemoryError -Xmx1g -Xms256m -Xss204
ash/vendor/jruby/lib/jni -Xbootclasspath/a:/usr/local/logstash/vendor/jruby/l
_121/lib:/usr/java/jdk1.8.0_121/jre/lib -Djruby.home=/usr/local/logstash/vend
dor/jruby/lib -Djruby.script=jruby -Djruby.shell=/bin/sh org.jruby.Main /usr/
logstash/runner.rb -f agent.conf
root      2954  1137 34 18:46 pts/1    00:00:02 /usr/java/jdk1.8.0_121/bin/ja
-XX:CMSInitiatingOccupancyFraction=75 -XX:+UseCMSInitiatingOccupancyOnly -XX:
-Dfile.encoding=UTF-8 -XX:+HeapDumpOnOutOfMemoryError -Xmx1g -Xms256m -Xss204
ash/vendor/jruby/lib/jni -Xbootclasspath/a:/usr/local/logstash/vendor/jruby/l
_121/lib:/usr/java/jdk1.8.0_121/jre/lib -Djruby.home=/usr/local/logstash/vend
dor/jruby/lib -Djruby.script=jruby -Djruby.shell=/bin/sh org.jruby.Main /usr/
logstash/runner.rb -f index.conf
root      2986  1185  0 18:46 pts/2    00:00:00 grep java
[root@localhost ~]#
```

图 5-24　ELK 收集 Nginx 日志

浏览器访问 kibana-Web，地址为 http://192.168.149.129:5601，如图 5-25 所示。

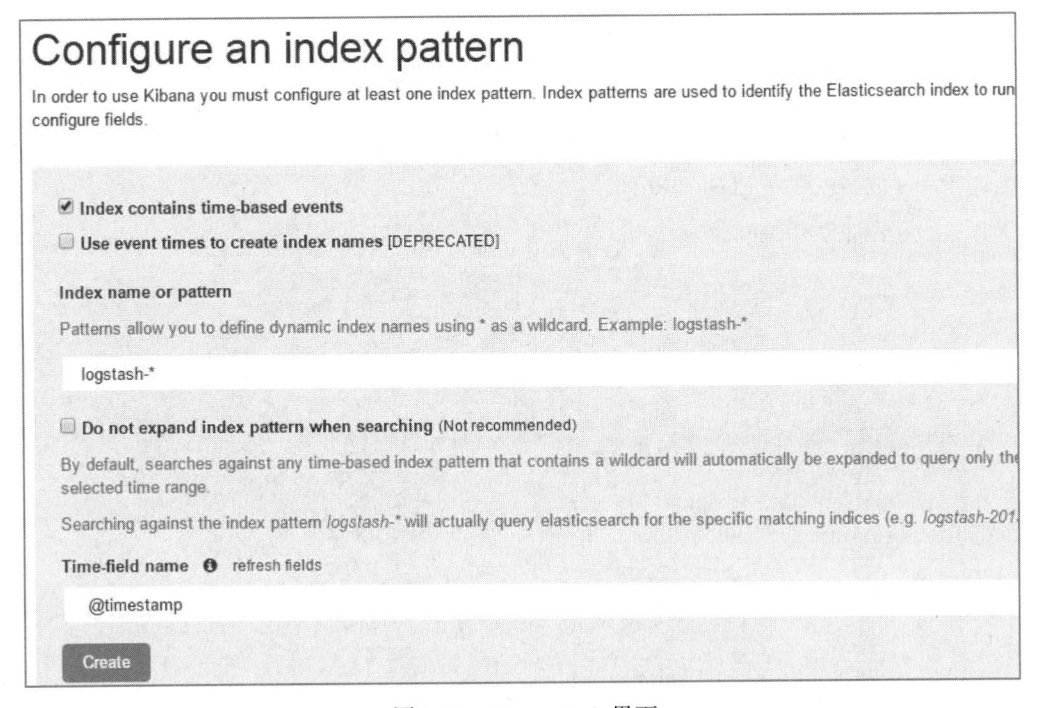

图 5-25　Kibana Web 界面

5.17　ELK 收集 Tomcat 日志实战

切换到目录 usr/local/logstash/config/etc/，创建如下配置文件。

（1）日志采集：存入 Redis 缓存数据库。

创建 agent.conf 文件内容如下：

```
input {
  file {
     type => "nginx-access"
     path => "/usr/local/tomcat/logs/catalina.out"
  }
}
output {
   redis {
      host => "localhost"
      port => 6379
      data_type => "list"
```

```
        key => "logstash"
    }
}
```

启动 Agent，代码如下：

```
../bin/logstash  -f  agent.conf
```

（2）Redis 数据：存入 ElasticSearch。

创建 index.conf 文件内容如下：

```
input {
  redis {
    host => "localhost"
    port => "6379"
    data_type => "list"
    key => "logstash"
    type => "redis-input"
    batch_count => 1
  }
}
output {
  elasticsearch {
    hosts => "192.168.111.128"
  }
}
```

启动 index，代码如下：

```
../bin/logstash  -f  index.conf
```

查看启动进程，如图 5-26 所示。

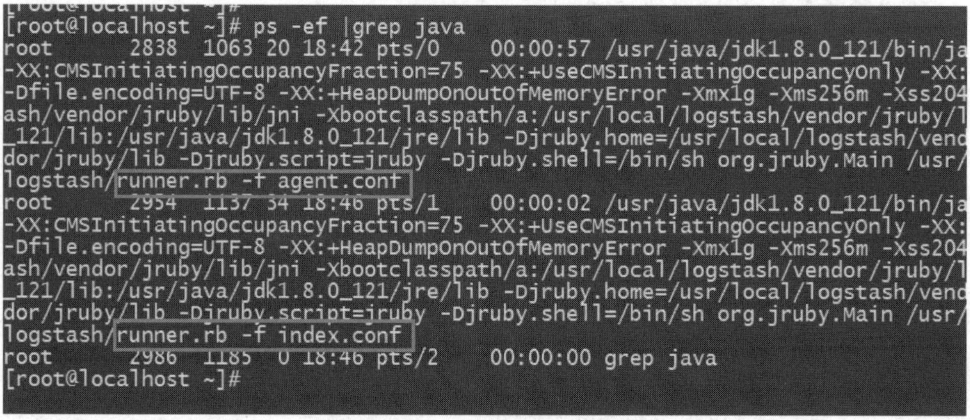

```
[root@localhost ~]# ps -ef |grep java
root      2838  1063 20 18:42 pts/0    00:00:57 /usr/java/jdk1.8.0_121/bin/ja
-XX:CMSInitiatingOccupancyFraction=75 -XX:+UseCMSInitiatingOccupancyOnly -XX:
-Dfile.encoding=UTF-8 -XX:+HeapDumpOnOutOfMemoryError -Xmx1g -Xms256m -Xss204
ash/vendor/jruby/lib/jni -Xbootclasspath/a:/usr/local/logstash/vendor/jruby/l
_121/lib:/usr/java/jdk1.8.0_121/jre/lib -Djruby.home=/usr/local/logstash/vend
dor/jruby/lib -Djruby.script=jruby -Djruby.shell=/bin/sh org.jruby.Main /usr/
logstash/runner.rb -f agent.conf
root      2954  1137 34 18:46 pts/1    00:00:02 /usr/java/jdk1.8.0_121/bin/ja
-XX:CMSInitiatingOccupancyFraction=75 -XX:+UseCMSInitiatingOccupancyOnly -XX:
-Dfile.encoding=UTF-8 -XX:+HeapDumpOnOutOfMemoryError -Xmx1g -Xms256m -Xss204
ash/vendor/jruby/lib/jni -Xbootclasspath/a:/usr/local/logstash/vendor/jruby/l
_121/lib:/usr/java/jdk1.8.0_121/jre/lib -Djruby.home=/usr/local/logstash/vend
dor/jruby/lib -Djruby.script=jruby -Djruby.shell=/bin/sh org.jruby.Main /usr/
logstash/runner.rb -f index.conf
root      2986  1185  0 18:46 pts/2    00:00:00 grep java
[root@localhost ~]#
```

图 5-26　Logstash 客户端日志

5.18　ELK 批量日志集群实战

如上配置完毕，可以正常收集单台服务器的日志。如何批量收集其他服务器的日志信息呢？

可以基于 Shell 脚本将配置完毕的 Logstash 文件夹同步至其他服务器，也可通过 Ansible、Saltstack 服务器同步。

例如收集 Nginx 日志，index.conf 和 agent.conf 内容保持不变，配置文件目录/usr/local/logstash/config/etc/，修改配置文件原 Redis 服务器 localhost 为 Redis 服务器的 IP 即可。

（1）日志采集：存入 Redis 缓存数据库。

创建 agent.conf 文件内容如下：

```
input {
  file {
     type => "nginx-access"
     path => "/usr/local/nginx/logs/access.log"
  }
}
output {
   redis {
      host => "localhost"
      port => 6379
      data_type => "list"
      key => "logstash"
   }
}
```

启动 Agent，代码如下：

```
../bin/logstash  -f  agent.conf
```

（2）Redis 数据：存入 ElasticSearch。

创建 index.conf 文件内容如下：

```
input {
  redis {
    host => "localhost"
    port => "6379"
    data_type => "list"
    key => "logstash"
    type => "redis-input"
```

```
    batch_count => 1
  }
}
output {
  elasticsearch {
    hosts => "192.168.111.128"
  }
}
```

启动 index，代码如下：

```
../bin/logstash  -f  index.conf
```

查看启动进程，如图 5-27 所示。

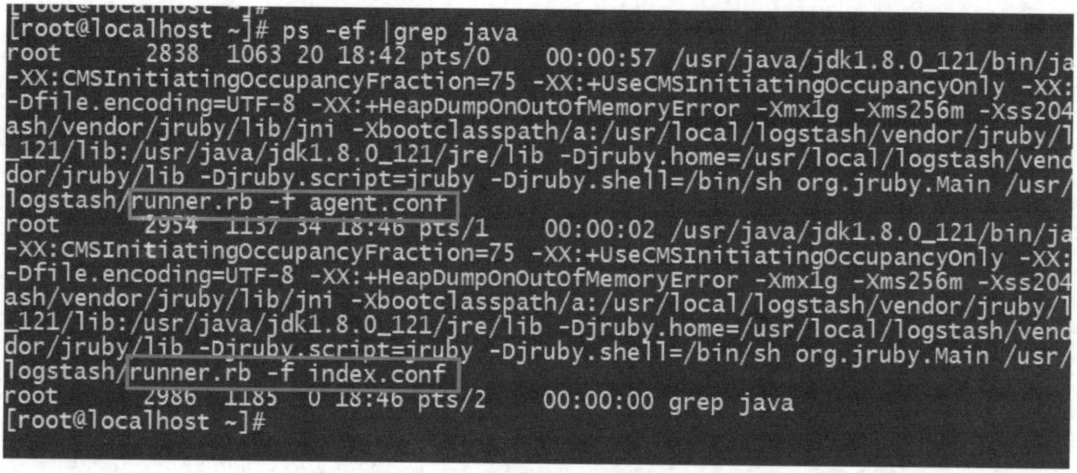

```
[root@localhost ~]# ps -ef |grep java
root      2838  1063 20 18:42 pts/0    00:00:57 /usr/java/jdk1.8.0_121/bin/ja
-XX:CMSInitiatingOccupancyFraction=75 -XX:+UseCMSInitiatingOccupancyOnly -XX:
-Dfile.encoding=UTF-8 -XX:+HeapDumpOnOutOfMemoryError -Xmx1g -Xms256m -Xss204
ash/vendor/jruby/lib/jni -Xbootclasspath/a:/usr/local/logstash/vendor/jruby/l
_121/lib:/usr/java/jdk1.8.0_121/jre/lib -Djruby.home=/usr/local/logstash/vend
dor/jruby/lib -Djruby.script=jruby -Djruby.shell=/bin/sh org.jruby.Main /usr/
logstash/runner.rb -f agent.conf
root      2954  1137 34 18:46 pts/1    00:00:02 /usr/java/jdk1.8.0_121/bin/ja
-XX:CMSInitiatingOccupancyFraction=75 -XX:+UseCMSInitiatingOccupancyOnly -XX:
-Dfile.encoding=UTF-8 -XX:+HeapDumpOnOutOfMemoryError -Xmx1g -Xms256m -Xss204
ash/vendor/jruby/lib/jni -Xbootclasspath/a:/usr/local/logstash/vendor/jruby/l
_121/lib:/usr/java/jdk1.8.0_121/jre/lib -Djruby.home=/usr/local/logstash/vend
dor/jruby/lib -Djruby.script=jruby -Djruby.shell=/bin/sh org.jruby.Main /usr/
logstash/runner.rb -f index.conf
root      2986  1185  0 18:46 pts/2    00:00:00 grep java
[root@localhost ~]#
```

图 5-27　Logstash 服务进程

5.19　ELK 报表统计 IP 地域访问量

（1）配置 nginx 日志格式（采用默认即可）。

```
log_format  main  '$remote_addr - $remote_user [$time_local] "$request" '
                  '$status $body_bytes_sent "$http_referer" '
                  '"$http_user_agent" "$http_x_forwarded_for"';
```

（2）客户端部署 IP 库工具。

```
cd /usr/local/logstash/config/
wget http://geolite.maxmind.com/download/geoip/database/GeoLite2-City.
```

```
mmdb.gz
gunzip GeoLite2-City.mmdb.gz
```

（3）Logstash 客户端配置。

```
vim /usr/local/logstash/config/nginx.conf
input {
        file {
             path => "/usr/local/nginx/logs/access.log"
             type => "nginx"
             start_position => "beginning"
              }
}
filter {
        grok {
           match => { "message" => "%{IPORHOST:remote_addr} - - \[%{HTTPDATE:
time_local}\] \"%{WORD:method
} %{URIPATHPARAM:request} HTTP/%{NUMBER:httpversion}\" %{INT:status}
%{INT:body_bytes_sent} %{QS:http_referer} %{QS:http_user_agent}"
   }
}
geoip {
     source => "remote_addr"
     target => "geoip"
     database => "/usr/local/logstash/config/GeoLite2-City.mmdb"
     add_field => ["[geoip][coordinates]","%{[geoip][longitude]}"]
     add_field => ["[geoip][coordinates]","%{[geoip][latitude]}"]
     }
}
output {
  elasticsearch {
       hosts => ["47.98.151.187:9200"]
       manage_template => true
       index => "logstash-%{+YYYY-MM}"
    }
}
```

（4）Logstash 配置文件详解如下：

```
geoip        #IP 定位查询插件
source       #需要通过 geoip 插件处理的 field,remote_addr
```

```
Target      #解析后的 Geoip 地址数据,应该存放在哪一个字段中,默认是 geoip 这个字段
database    #指定下载的数据库文件
add_field   #添加经纬度,地图中地区显示根据经纬度识别
```

（5）Kibana 使用高德地图。

vim /usr/local/kibana/config/kibana.yml，末尾添加如下代码：

```
tilemap.url: 'http://webrd02.is.autonavi.com/appmaptile?lang=zh_cn&size=
1&scale=1&style=7&x={x}&y={y}&z={z}'
```

重启 Kibana，刷新 Kibana 页面，可以看到 geoip 相关字段，如图 5-28 所示。

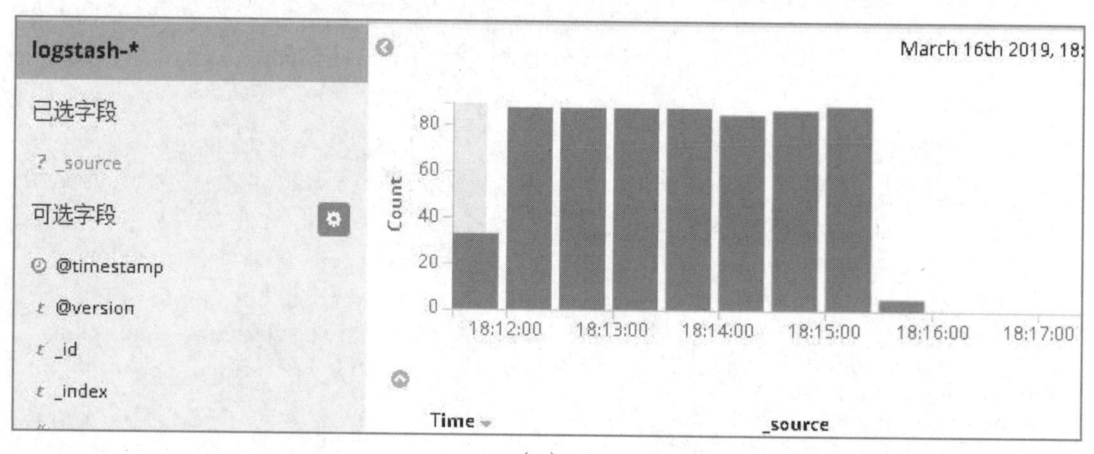

（a）

（b）

图 5-28　Kibana Web 界面

（6）刷新索引信息，如图 5-29 所示。

（7）按如图 5-30 所示选择 Tile map。

图 5-29　Kibana Web 界面刷新索引信息

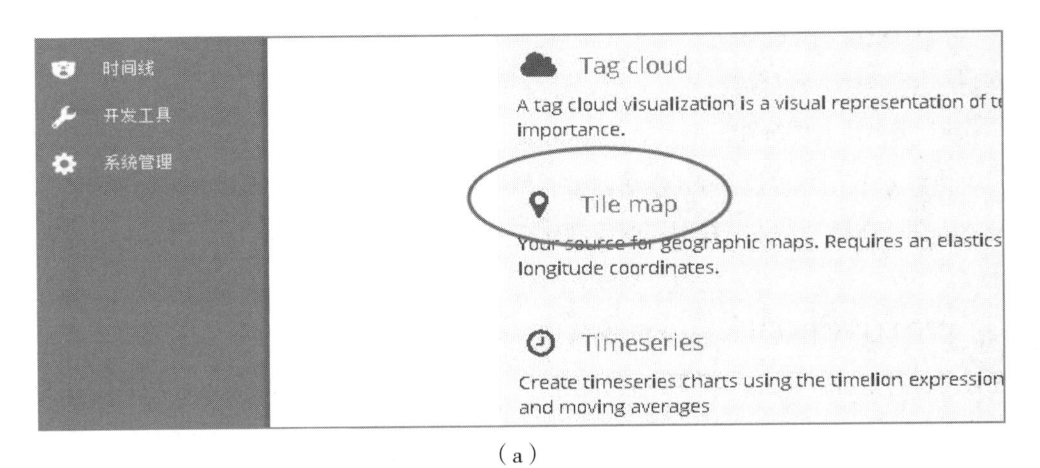

（a）

（b）

图 5-30　选择 Tile map

5.20 ELK 报表统计 Nginx 访问量

ELK 平台构建完成之后，基于 Kibana 平台可以实现日志的统一管理，包括收集、统计、查看、搜索、分析报表等。

（1）基于 ELK 日志平台可以分析 Nginx 日志，分析指标如下：

① Nginx 总访问量。

② Nginx 某个时间访问量。

③ Nginx 来源客户 IP 所在地。

④ 请求方法占比统计。

⑤ HTTP referer 来源统计。

⑥ 客户端 user_agent 统计。

⑦ URL 慢响应时间统计。

（2）基于 ELK 平台统计 Nginx 总访问量，创建报表。

配置步骤：选择 Visualize 视图，然后创建视图，选择视图类型 Pie chart（饼图），如图 5-31 所示。

（3）基于 ELK 平台统计 Nginx 访问高峰期，创建报表。

配置步骤：选择 Visualize 视图，然后创建视图，选择视图类型 Vertical bar chart（直方图），如图 5-32 所示。

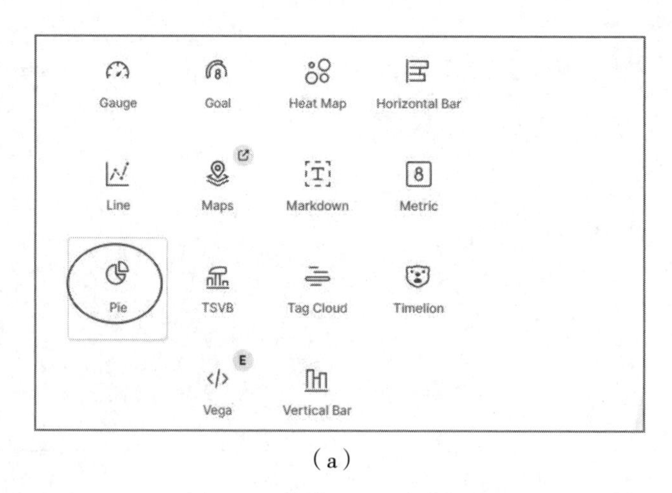

（a）

图 5-31　统计 Nginx 总访问量

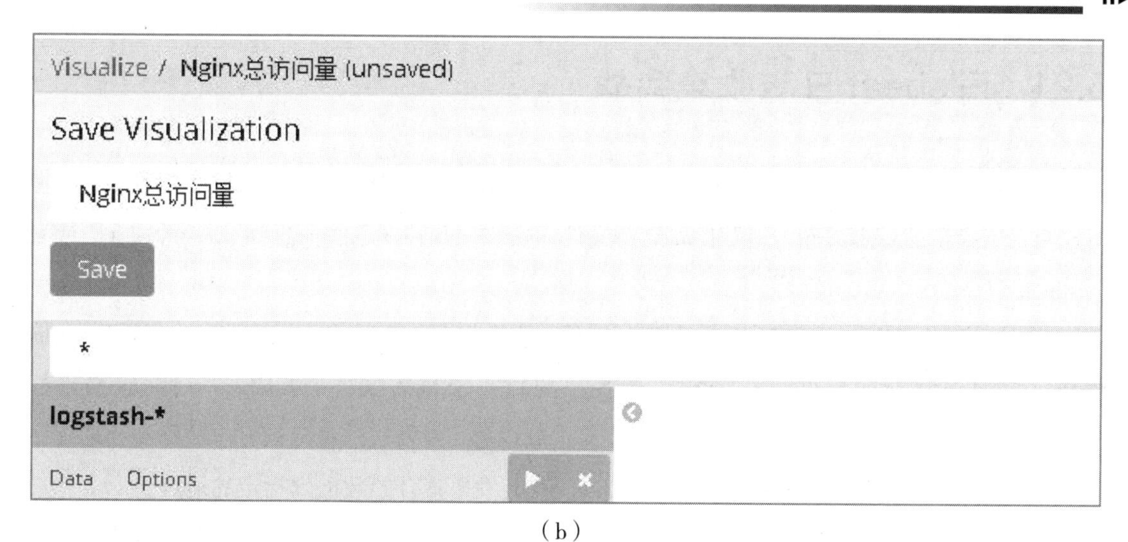

（b）

图 5-31 （续）

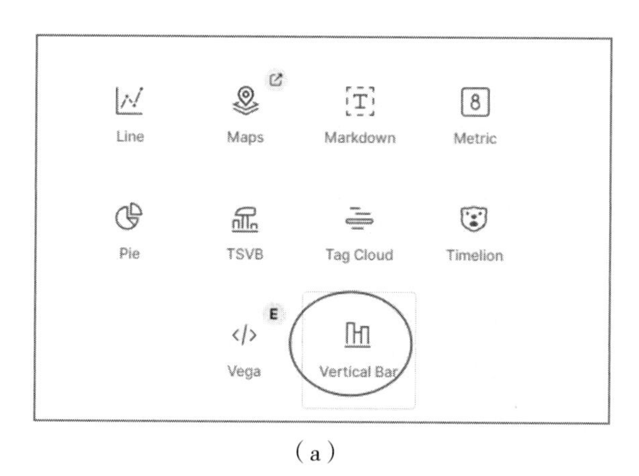

（a）

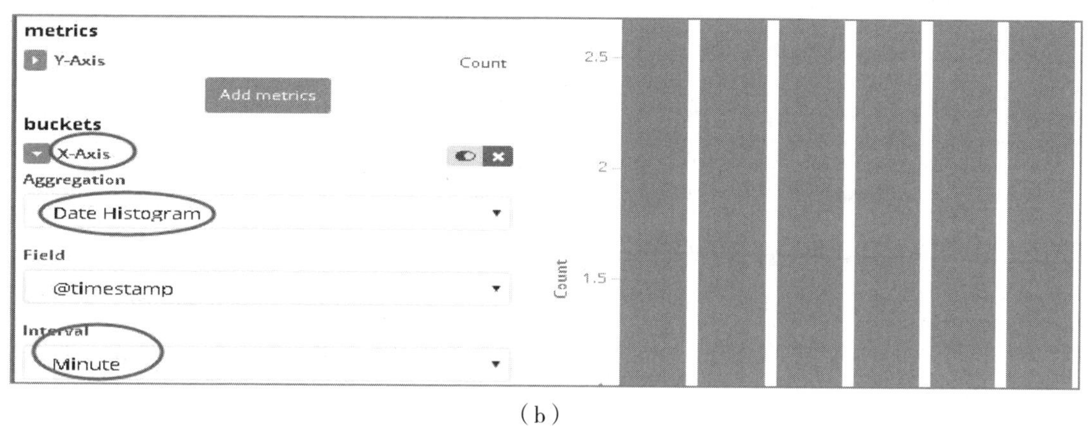

（b）

图 5-32 统计 Nginx 访问高峰

5.21 Filebeat 日志收集实战

Filebeat 是一款日志文件托运工具，基于 Go 语言开发，一般安装在客户端服务器上，监控日志目录或指定的日志文件，追踪读取这些文件的变化，并转发这些信息到 ElasticSearch 或者 logstarsh 中存放。

Filebeat 工作原理：开启 Filebeat 程序的时候，它会启动一个或多个探测器（prospectors）检测指定的日志目录或文件，对于探测器找出的每一个日志文件，Filebeat 启动收割进程（harvester），每一个收割进程读取一个日志文件的新内容，并发送这些新的日志数据到处理程序（spooler），处理程序会集合这些事件，最后 filebeat 会发送集合的数据到指定的地点。

可以将 Filebeat 简单地理解为一个轻量级的 Logstash，当需要收集信息的机器配置或资源并不是特别多时，使用 Filebeat 收集日志。日常使用中，Filebeat 十分稳定，而且占用内存、CPU 资源相对于 Logstash 更少。

Filebeat 可以通过提供一种轻量级的方式转发和集中日志和文件，帮助用户把事情简单化。

在任何环境中，应用程序总是时不时地停机。在读取和转发日志的过程中，如果被中断，Filebeat 会记录中断的位置。当重新联机时，Filebeat 会从中断的位置开始。

Filebeat 附带了内部模块（auditd、Apache、Nginx、System 和 MySQL），这些模块简化了普通日志格式的聚集、解析和可视化。结合使用基于操作系统的自动默认设置，使用 ElasticSearch Ingest Node 的管道定义，以及 Kibana 仪表盘来实现这一点。

当发送数据到 Logstash 或 ElasticSearch 时，Filebeat 使用一个反压力敏感（backpressure-sensitive）的协议解释高负荷的数据量。当 Logstash 数据处理繁忙时，Filebeat 会放慢它的读取速度。一旦压力解除，Filebeat 将恢复到原来的速度，继续传输数据。

在任何环境下，应用程序都有停机的可能。Filebeat 读取并转发日志行，如果中断，则会记住所有事件恢复联机状态时所在位置。

Filebeat 带有内部模块（auditd、Apache、Nginx、System 和 MySQL），可通过一个指定命令简化通用日志格式的收集、解析和可视化。

Filebeat 不会让管道超负荷。Filebeat 如果是向 Logstash 传输数据，当 Logstash 忙于处理数据，会通知 Filebeat 放慢读取速度。一旦拥塞得到解决，Filebeat 将恢复到原来的速度并继续传播，如图 5-33 所示。

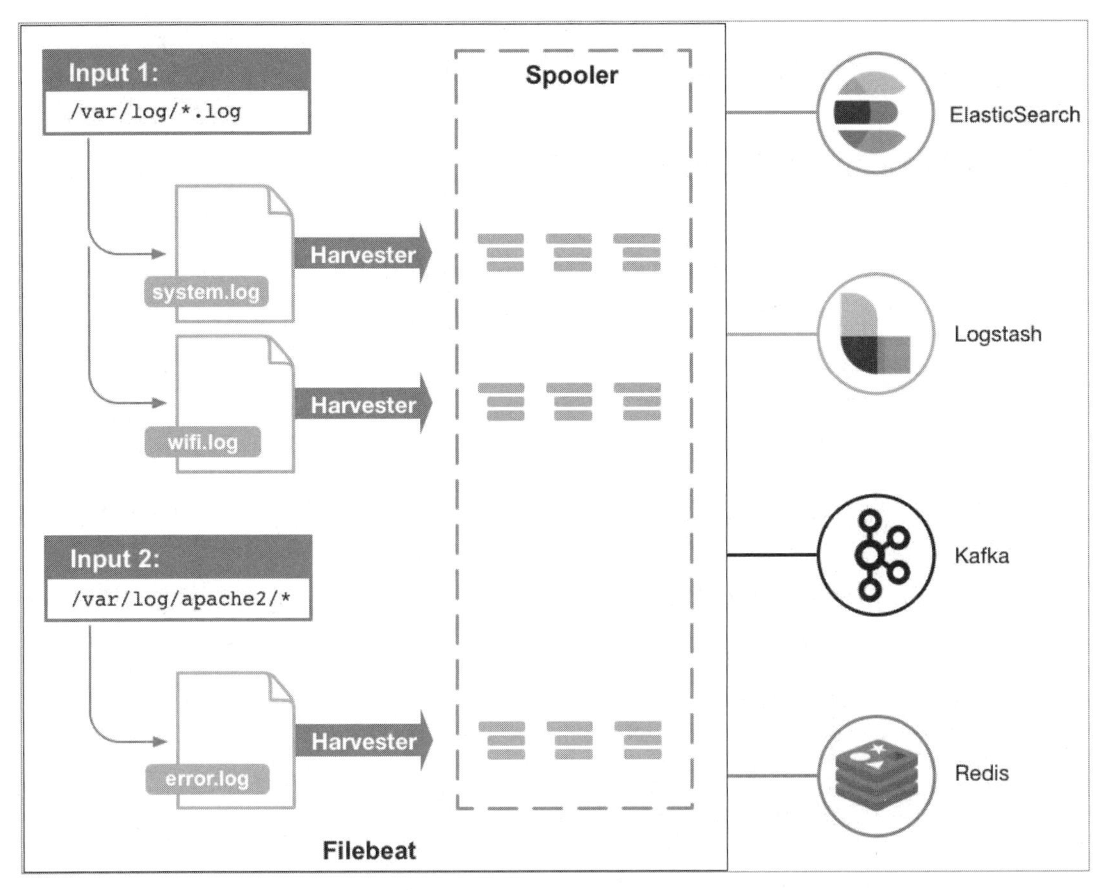

图 5-33　Filebeat 采集日志流程

5.22　Filebeat 案例实战

基于二进制 Tar 压缩包方式安装 Filebeat 程序，操作步骤如下：

```
#官网下载 Filebeat 软件包
https://artifacts.elastic.co/downloads/beats/filebeat/filebeat-7.2.0-
linux-x86_64.tar.gz
#通过 Tar 工具对其解压缩
tar xzf filebeat-7.2.0-linux-x86_64.tar.gz
#将解压后的 Filebeat 程序部署至/usr/local/目录下
mv filebeat-7.2.0-linux-x86_64 /usr/local/filebeat/
#查看 Filebeat 是否部署成功
ls -l /usr/local/filebeat/
#切换至 Filebeat 程序目录
```

```
cd /usr/local/filebeat/
grep -aivE "#|^$" filebeat.yml
```

5.23 Filebeat 收集 Nginx 日志

（1）修改/usr/local/filebeat/filebeat.yml 配置文件，将 enable：false 改为 enable：true，同时将 paths 路径设置为 Nginx 日志路径，Filebeat 配置文件代码如下：

```
filebeat.inputs:
- type: log
  enabled: true
  paths:
    - /var/log/nginx/access.log
filebeat.config.modules:
  path: ${path.config}/modules.d/*.yml
  reload.enabled: false
setup.template.settings:
  index.number_of_shards: 1
setup.kibana:
output.elasticsearch:
  hosts: ["192.168.111.128:9200"]
processors:
  - add_host_metadata: ~
  - add_cloud_metadata: ~
```

（2）默认 Filebeat 配置文件收集客户端自身/var/log/下所有日志，可以根据自身的需求修改，同时将 ES 9200 的地址修改为自己的 ES IP 即可，然后启动 Filebeat，即可采集日志。

（3）启动 Filebeat 服务，命令如下：

```
cd /usr/local/filebeat/
nohup ./filebeat -e -c filebeat.yml &
-c                              #配置文件位置
-path.logs                      #日志位置
-path.data                      #数据位置
-path.home                      #家目录位置
-e                              #关闭日志输出
-d                              #启用对指定选择器的调试
```

（4）查看 Filebeat 启动日志，如图 5-34 所示。

（5）登录 Kibana，添加索引数据，如图 5-35 所示。

```
[monitoring]    log/log.go:117  Starting metrics logging every 30s
memlog/store.go:119     Loading data file of '/usr/local/filebeat/data/registr
on id=0
memlog/store.go:124     Finished loading transaction log file for '/usr/local/
e transaction id=0
[registrar]     registrar/registrar.go:109      States Loaded from registrar:

[crawler]       beater/crawler.go:71    Loading Inputs: 2
[crawler]       beater/crawler.go:108   Loading and starting Inputs completed.

cfgfile/reload.go:164   Config reloader started
cfgfile/reload.go:224   Loading of config files completed.
```

图 5-34　Filebeat 启动服务日志

第 1 步（共 2 步）：定义索引模式

索引模式

filebeat-*

可以在索引模式中将 * 用作通配符。
不能使用空格或字符 \, /, ?, ", <, >, |。

> 下一步

✓ 成功！您的索引模式匹配 1 个索引。

filebeat-7.2.0-2021.02.24-000001

每页行数：10

（a）

Elasticsearch
索引管理
索引生命周期策略
汇总/打包作业
跨集群复制
远程集群
Snapshot Repositories
许可管理
8.0 升级助手
Kibana
索引模式
已保存对象
工作区
Reporting

★ filebeat-*

时间筛选字段名称：@timestamp

此页根据 Elasticsearch 的记录列出"filebeat-*"索引中的每个字段以及字段的关联核心类型。要更改字段类

字段 (979)　脚本字段 (0)　源筛选 (0)

筛选

名称	类型	格式	可搜索
@timestamp	date		●
_id	string		●

（b）

（c）

图 5-35　Filebeat 日志采集展示

5.24 Filebeat 自定义索引

在默认情况下，Filebeat 客户端采集的日志，在 ElasticSearch 存储中索引名称为 filebeat-*，可以根据需求修改索引的名称，例如根据不同的日志类型命名。以 Nginx 为例，命名为 nginx-*。

如何将默认 Filebeat 索引名称修改为 Nginx 开头呢？

（1）修改 Filebeat 默认配置文件，添加如下代码即可。

```
#---------------------- ElasticSearch output --------------------------
setup.ilm.enabled: false
output.elasticsearch:
  hosts: ["localhost:9200"]
  index: "nginx-%{+yyyy.MM.dd}"
setup.template.name: "nginx"
setup.template.pattern: "nginx-*"
```

（2）重启 Filebeat 服务。

```
cd /usr/local/filebeat/
nohup ./filebeat -e -c filebeat.yml &
```

（3）查看启动日志，代码如下，Nginx 索引已经生效，如图 5-36 所示。

```
tail -fn 30 nohup.out
```

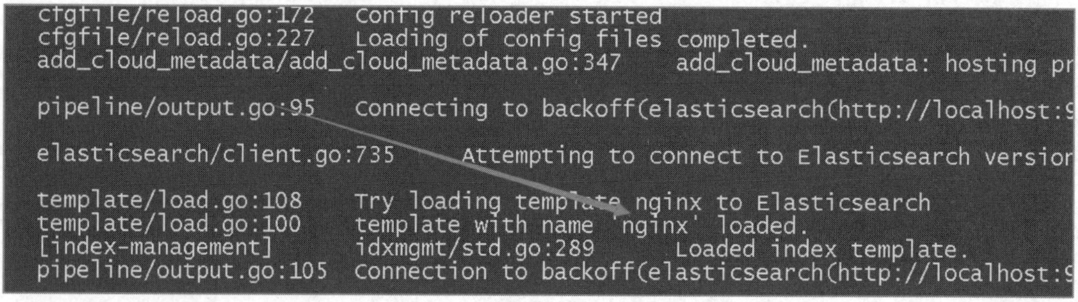

```
cfgfile/reload.go:172   Config reloader started
cfgfile/reload.go:227   Loading of config files completed.
add_cloud_metadata/add_cloud_metadata.go:347    add_cloud_metadata: hosting pr

pipeline/output.go:95   Connecting to backoff(elasticsearch(http://localhost:9

elasticsearch/client.go:735     Attempting to connect to Elasticsearch versior

template/load.go:108    Try loading template nginx to Elasticsearch
template/load.go:100    template with name 'nginx' loaded.
[index-management]      idxmgmt/std.go:289      Loaded index template.
pipeline/output.go:105  Connection to backoff(elasticsearch(http://localhost:9
```

图 5-36 Filebeat 自定义索引

（4）登录 Kibana Web 界面，创建索引，如图 5-37 所示。

（5）创建索引模式时，Kibana 添加 index pattern 时出现问题，提示 403 Forbidden，解决方法如下：

```
#curl -XPUT -H 'Content-Type: application/json' http://localhost:9200/
_settings -d '
```

```
{
    "index": {
        "blocks": {
            "read_only_allow_delete": "false"
        }
    }
}'
#curl -XPUT -H 'Content-Type: application/json' http://localhost:9200/
$index_name/_settings -d '
{
    "index": {
        "blocks": {
            "read_only_allow_delete": "false"
        }
    }
}'
```

（a）

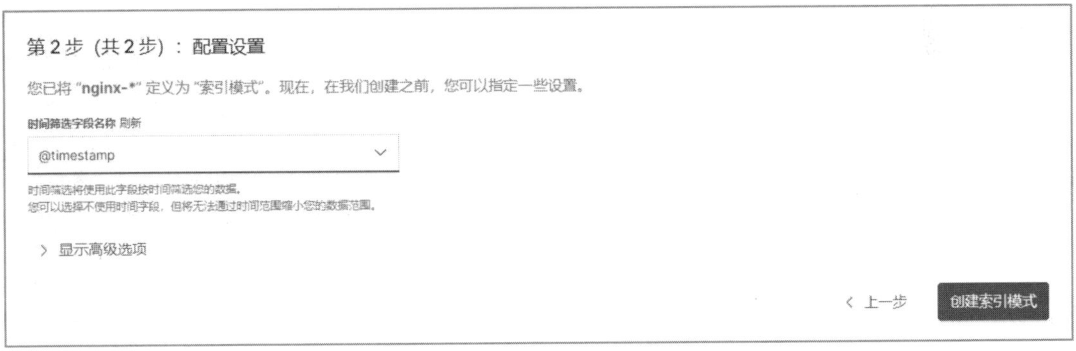

（b）

图 5-37　Filebeat 索引选择

（6）根据如上方法解决完毕，如果再次报错如下：

```
ClusterBlockException[blocked by: [FORBIDDEN/12/index read-only / allow
delete (api)];
```

则采用如下代码解决，最终如图 5-38 所示。

```
curl -XPUT -H "Content-Type: application/json" http://localhost:9200/
_all/_settings -d '{"index.blocks.read_only_allow_delete": null}'
```

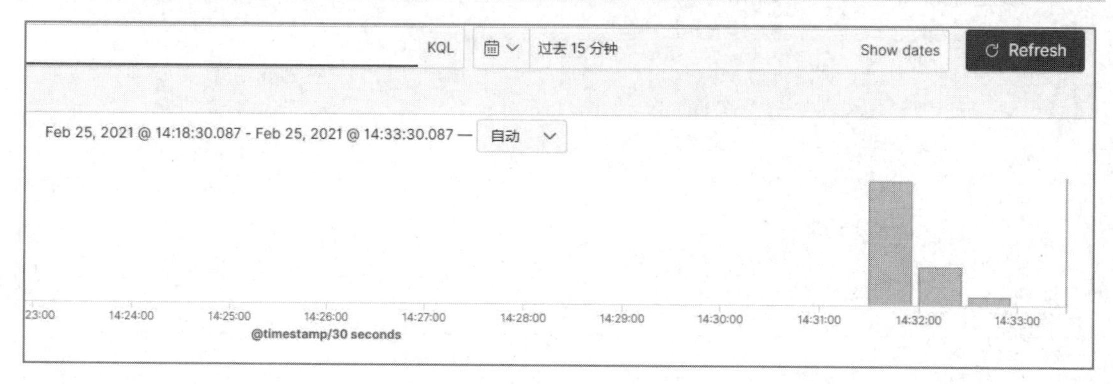

图 5-38　Filebeat 日志展示

5.25　Filebeat 收集多个日志

默认情况下，Filebeat 只收集/var/log/*.log 日志，如何让 Filebeat 既可以收集日志内核日志和 Nginx，又可以收集 MySQL 日志呢？

（1）修改 Filebeat 默认配置文件，可以添加多个 Type-log，代码如下：

```
filebeat.inputs:
- type: log
  enabled: true
  paths:
    - /var/log/nginx/access.log
  tags: ["nginx-log"]
- type: log
  enabled: true
  paths:
    - /var/log/mysql/mysqld.log
  tags: ["mysql-log"]
filebeat.config.modules:
```

```
  path: ${path.config}/modules.d/*.yml
  reload.enabled: false
setup.template.settings:
  index.number_of_shards: 1
setup.kibana:
setup.ilm.enabled: false
output.elasticsearch:
  hosts: ["localhost:9200"]
  index: "nginx-%{+yyyy.MM.dd}"
setup.template.name: "nginx"
setup.template.pattern: "nginx-*"
processors:
  - add_host_metadata: ~
  - add_cloud_metadata: ~
```

（2）修改 Filebeat 默认配置文件，也可以在一个 Type log 下添加多个日志路径，代码如下：

```
filebeat.inputs:
- type: log
  enabled: true
  paths:
- /var/log/nginx/access.log
- /var/log/mysql/mysqld.log
- /var/log/tomcat/catalina.out
filebeat.config.modules:
  path: ${path.config}/modules.d/*.yml
  reload.enabled: false
setup.template.settings:
  index.number_of_shards: 1
setup.kibana:
setup.ilm.enabled: false
output.elasticsearch:
  hosts: ["localhost:9200"]
  index: "nginx-%{+yyyy.MM.dd}"
setup.template.name: "nginx"
setup.template.pattern: "nginx-*"
processors:
  - add_host_metadata: ~
  - add_cloud_metadata: ~
```

（3）重启 Filebeat 服务。

```
cd /usr/local/filebeat/
nohup ./filebeat -e -c filebeat.yml &
```

（4）查看启动日志，代码如下。Filebeat 收集多个日志已经生效，如图 5-39 所示。

```
tail -fn 30 nohup.out
```

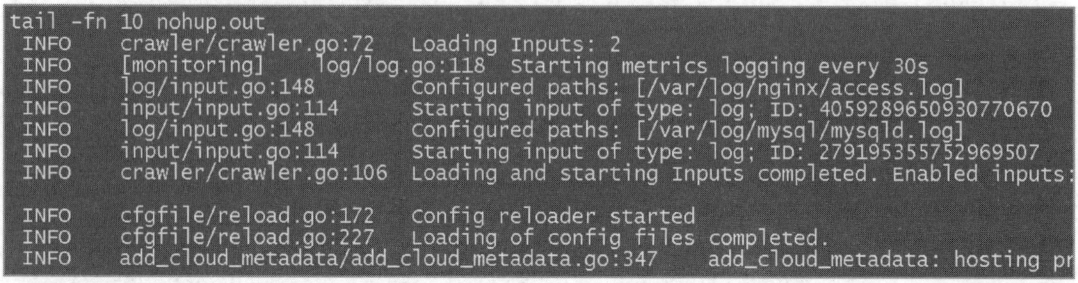

```
tail -fn 10 nohup.out
 INFO    crawler/crawler.go:72   Loading Inputs: 2
 INFO    [monitoring]    log/log.go:118  Starting metrics logging every 30s
 INFO    log/input.go:148        Configured paths: [/var/log/nginx/access.log]
 INFO    input/input.go:114      Starting input of type: log; ID: 4059289650930770670
 INFO    log/input.go:148        Configured paths: [/var/log/mysql/mysqld.log]
 INFO    input/input.go:114      Starting input of type: log; ID: 279195355752969507
 INFO    crawler/crawler.go:106  Loading and starting Inputs completed. Enabled inputs:

 INFO    cfgfile/reload.go:172   Config reloader started
 INFO    cfgfile/reload.go:227   Loading of config files completed.
 INFO    add_cloud_metadata/add_cloud_metadata.go:347    add_cloud_metadata: hosting pr
```

（a）

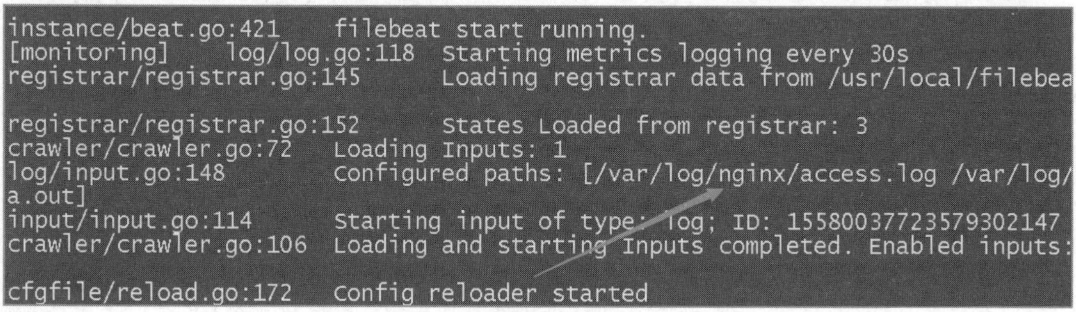

```
instance/beat.go:421    filebeat start running.
[monitoring]    log/log.go:118  Starting metrics logging every 30s
registrar/registrar.go:145      Loading registrar data from /usr/local/filebea

registrar/registrar.go:152      States Loaded from registrar: 3
crawler/crawler.go:72   Loading Inputs: 1
log/input.go:148        Configured paths: [/var/log/nginx/access.log /var/log/
a.out]
input/input.go:114      Starting input of type: log; ID: 15580037723579302147
crawler/crawler.go:106  Loading and starting Inputs completed. Enabled inputs:

cfgfile/reload.go:172   Config reloader started
```

（b）

图 5-39　Filebeat 采集多日志生效

（5）登录 Kibana Web 界面，查看日志收集情况，如图 5-40 所示。

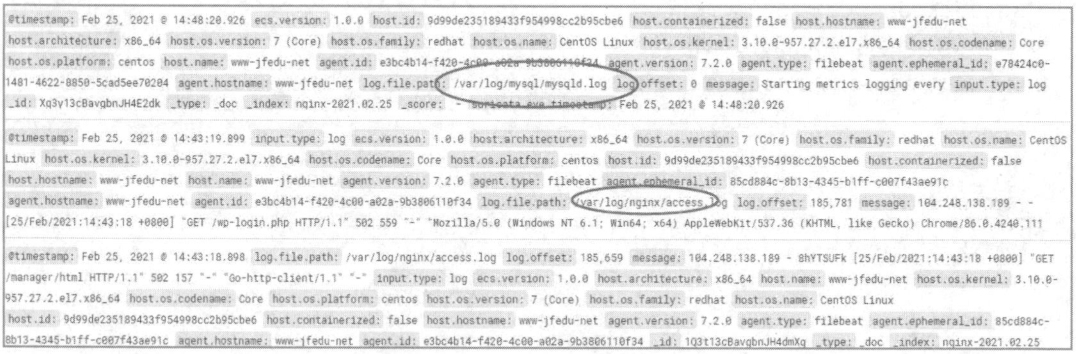

```
@timestamp: Feb 25, 2021 @ 14:48:20.926 ecs.version: 1.0.0 host.id: 9d99de235189433f954998cc2b95cbe6 host.containerized: false host.hostname: www-jfedu-net
host.architecture: x86_64 host.os.version: 7 (Core) host.os.family: redhat host.os.name: CentOS Linux host.os.kernel: 3.10.0-957.27.2.el7.x86_64 host.os.codename: Core
host.os.platform: centos host.name: www-jfedu-net agent.id: e3bc4b14-f420-4c00-a02a-9b3806110f34 agent.version: 7.2.0 agent.type: filebeat agent.ephemeral_id: e78424c0-
1481-4622-8850-5cad5ee70204 agent.hostname: www-jfedu-net log.file.path: /var/log/mysql/mysqld.log log.offset: 0 message: Starting metrics logging every input.type: log
_id: Xq3y13cBavgbnJH4E2dk _type: _doc _index: nginx-2021.02.25 _score: - suricata.eve.timestamp: Feb 25, 2021 @ 14:48:20.926

@timestamp: Feb 25, 2021 @ 14:43:19.899 input.type: log ecs.version: 1.0.0 host.architecture: x86_64 host.os.version: 7 (Core) host.os.family: redhat host.os.name: CentOS
Linux host.os.kernel: 3.10.0-957.27.2.el7.x86_64 host.os.codename: Core host.os.platform: centos host.id: 9d99de235189433f954998cc2b95cbe6 host.containerized: false
host.hostname: www-jfedu-net host.name: www-jfedu-net agent.version: 7.2.0 agent.type: filebeat agent.ephemeral_id: 85cd884c-8b13-4345-b1ff-c007f43ae91c
agent.hostname: www-jfedu-net agent.id: e3bc4b14-f420-4c00-a02a-9b3806110f34 log.file.path: /var/log/nginx/access.log log.offset: 185,781 message: 104.248.138.189 - -
[25/Feb/2021:14:43:18 +0800] "GET /wp-login.php HTTP/1.1" 502 559 "-" "Mozilla/5.0 (Windows NT 6.1; Win64; x64) AppleWebKit/537.36 (KHTML, like Gecko) Chrome/86.0.4240.111

@timestamp: Feb 25, 2021 @ 14:43:18.898 log.file.path: /var/log/nginx/access.log log.offset: 185,659 message: 104.248.138.189 - 8hYTSUFk [25/Feb/2021:14:43:18 +0800] "GET
/manager/html HTTP/1.1" 502 157 "-" "Go-http-client/1.1" "-" input.type: log ecs.version: 1.0.0 host.architecture: x86_64 host.name: www-jfedu-net host.os.kernel: 3.10.0-
957.27.2.el7.x86_64 host.os.codename: Core host.os.platform: centos host.os.version: 7 (Core) host.os.family: redhat host.os.name: CentOS Linux
host.id: 9d99de235189433f954998cc2b95cbe6 host.containerized: false host.hostname: www-jfedu-net agent.version: 7.2.0 agent.type: filebeat agent.ephemeral_id: 85cd884c-
8b13-4345-b1ff-c007f43ae91c agent.hostname: www-jfedu-net agent.id: e3bc4b14-f420-4c00-a02a-9b3806110f34 _id: 1Q3t13cBavgbnJH4dmXq _type: _doc _index: nginx-2021.02.25
```

图 5-40　Filebeat 采集多日志

5.26　Kibana Web 安全认证

安装完 ElasticSearch 和 Kibana 启动进程，如果没有开启 X-pack 插件，用户将可以直接在浏览器访问，这样不利于数据安全。接下来利用 Apache 的密码认证进行安全配置。通过访问 Nginx 转发至 ElasticSearch 和 Kibana 服务器，Kibana 服务器安装 Nginx。

```
yum install pcre-devel pcre -y
wget -c http://nginx.org/download/nginx-1.16.0.tar.gz
tar -xzf nginx-1.16.0.tar.gz
useradd www ;./configure --user=www --group=www --prefix=/usr/local/nginx
--with-http_stub_status_module
--with-http_ssl_module
make
make install
```

修改 Nginx.conf 配置文件代码如下：

```
worker_processes  1;
events {
    worker_connections  1024;
}
http {
    include       mime.types;
    default_type  application/octet-stream;
    sendfile        on;
    keepalive_timeout  65;
    upstream  jvm_web1 {
    server   127.0.0.1:5601  weight=1  max_fails=2  fail_timeout=30s;
}
    server {
        listen  80;
        server_name  localhost;
        location / {
         proxy_set_header  Host  $host;
         proxy_set_header  X-Real-IP  $remote_addr;
         proxy_set_header X-Forwarded-For $proxy_add_x_forwarded_for;
         proxy_pass http://jvm_web1;
```

```
        }
    }
}
```

修改 Kibana 配置文件监听 IP 为 127.0.0.1，如图 5-41 所示。

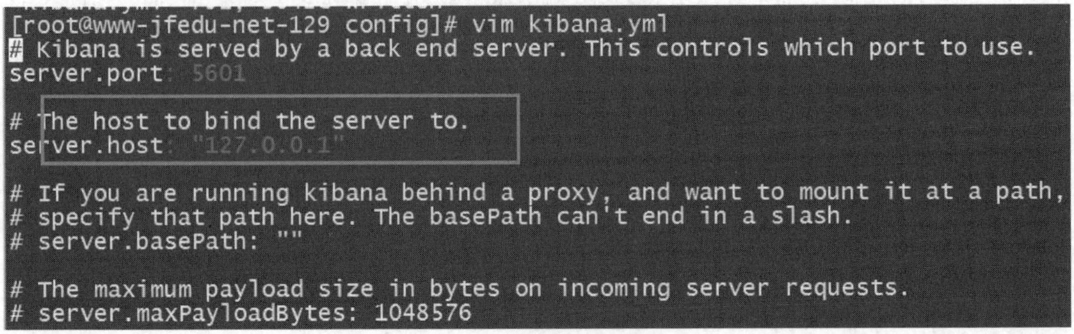

```
[root@www-jfedu-net-129 config]# vim kibana.yml
# Kibana is served by a back end server. This controls which port to use.
server.port: 5601

# The host to bind the server to.
server.host: "127.0.0.1"

# If you are running kibana behind a proxy, and want to mount it at a path,
# specify that path here. The basePath can't end in a slash.
# server.basePath: ""

# The maximum payload size in bytes on incoming server requests.
# server.maxPayloadBytes: 1048576
```

图 5-41　Kibana 日志展示

添加 Nginx 权限认证，Nginx.conf 配置文件 location /中加入如下代码：

```
auth_basic "ELK Kibana Monitor Center";
auth_basic_user_file /usr/local/nginx/html/.htpasswd;
```

通过 Apache 加密工具 htpasswd 生成用户名和密码，代码如下，如图 5-42 所示。

```
htpasswd -c /usr/local/nginx/html/.htpasswd admin
```

```
    server {
        listen  80;
        server_name  localhost;
        location / {
         auth_basic "ELK Kibana Monitor Center";
         auth_basic_user_file /usr/local/nginx/html/.htpasswd;
         proxy_set_header  Host  $host;
         proxy_set_header  X-Real-IP  $remote_addr;
         proxy_set_header X-Forwarded-For $proxy_add_x_forwarded_for;
         proxy_pass http://jvm_web1;
        }
    }
}

"/usr/local/nginx/conf/nginx.conf" 25L, 700C written
[root@www-jfedu-net-129 bin]# htpasswd -c /usr/local/nginx/html/.htpasswd admin
New password:
Re-type new password:
Adding password for user admin
```

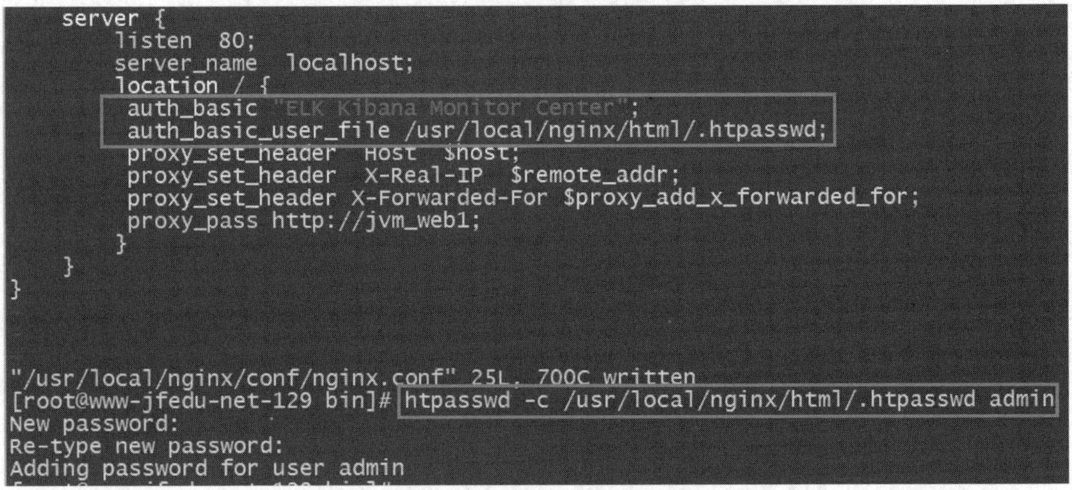

图 5-42　ELK Web 认证配置

重启 Nginx Web 服务并访问，如图 5-43 所示。

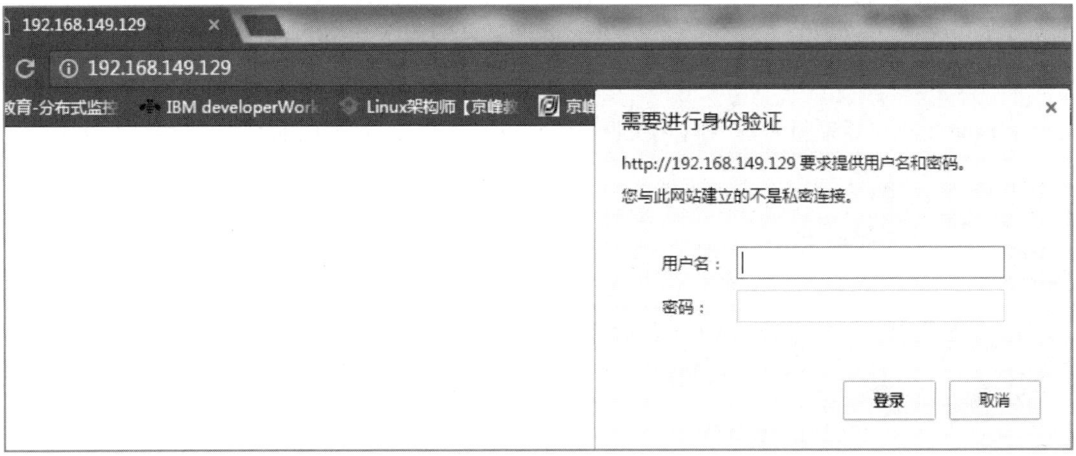

图 5-43 ELK Web 认证配置后需要进行身份验证

用户名和密码正确，即可登录成功，如图 5-44 所示。

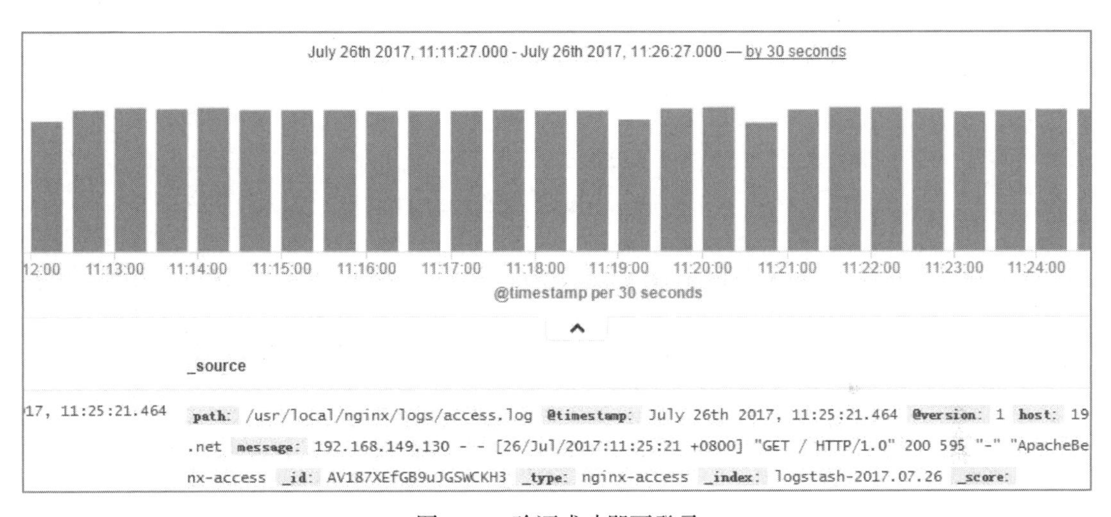

图 5-44 验证成功即可登录

5.27 ELK 增加 X-pack 插件

X-pack 是一个 Elastic Stack 的扩展，将安全、警报、监视、报告和图形功能包含在一个易于安装的软件包中。在 ElasticSearch 5.0.0 之前，必须安装单独的 Shield、Watcher 和 Marvel 插件才能获得 X-pack 中所有的功能。

X-pack 监控组件使用户可以通过 Kibana 轻松地监控 ElasticSearch。可以实时查看集群的健康和性能，以及分析过去的集群、索引和节点度量，还可以监视 Kibana 本身性能。

将 X-pack 安装在群集上，监控代理运行在每个节点上从 ElasticSearch 收集和指数指标；安装在 Kibana 上，可以通过一套专门的仪表板监控数据查看，如图 5-45 所示。

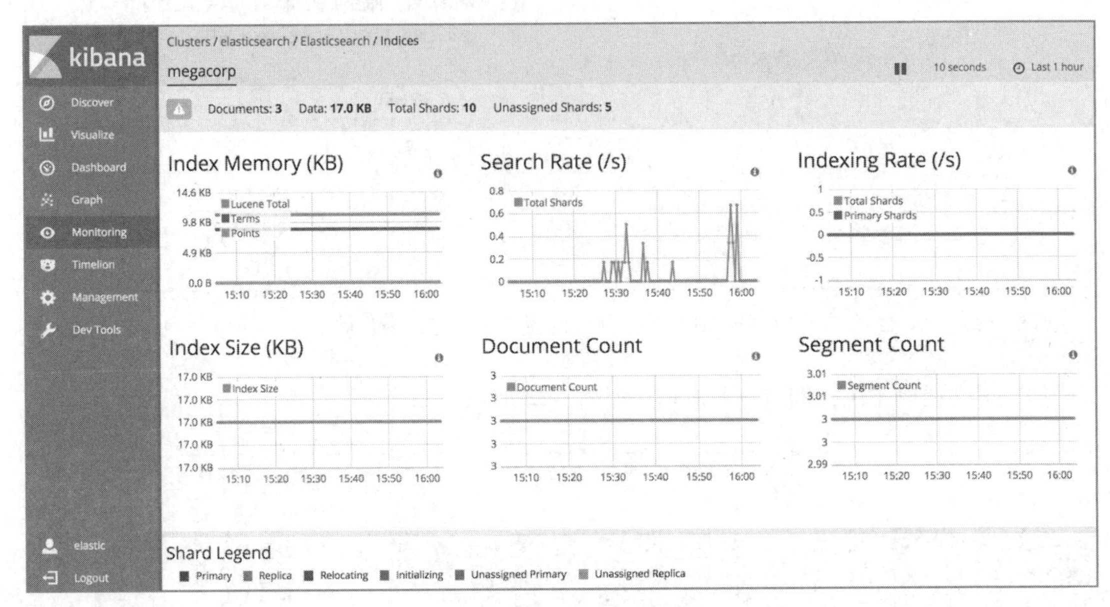

图 5-45　X-pack 监控界面

ELK 7.x 默认已经集成 X-pack 插件，所以无须安装，直接启用即可。操作的步骤和方法如下。

（1）修改 ElasticSearch 主配置文件代码，在配置文件末尾加入如下两行代码即可：

```
xpack.security.enabled: true
xpack.security.transport.ssl.enabled: true
```

（2）重新启动 ElasticSearch 服务即可。

```
su - elk
/usr/local/elasticsearch/bin/elasticsearch -d
```

（3）给 ELK 集群设置密码。为了统一管理 ElasticSearch、Kibana、Logstash 密码统一使用 123456，根据提示一直按 Enter 键即可。代码如下：

```
cd /usr/local/elasticsearch/bin/
./elasticsearch-setup-passwords interactive
```

（4）如果忘记密码，也可以手动修改其密码，命令如下：

```
curl -H "Content-Type:application/json" -XPOST -u elastic 'http://localhost:
9200/_xpack/security/user/elastic/_password' -d '{ "password" : "123456" }'
```

（5）配置 Kibana X-pack，修改 Kibana 配置文件代码如下：

```
elasticsearch.username: "elastic"
elasticsearch.password: "123456"
```

（6）重启 Kibana 服务，通过浏览器访问，如图 5-46 所示。

（a）

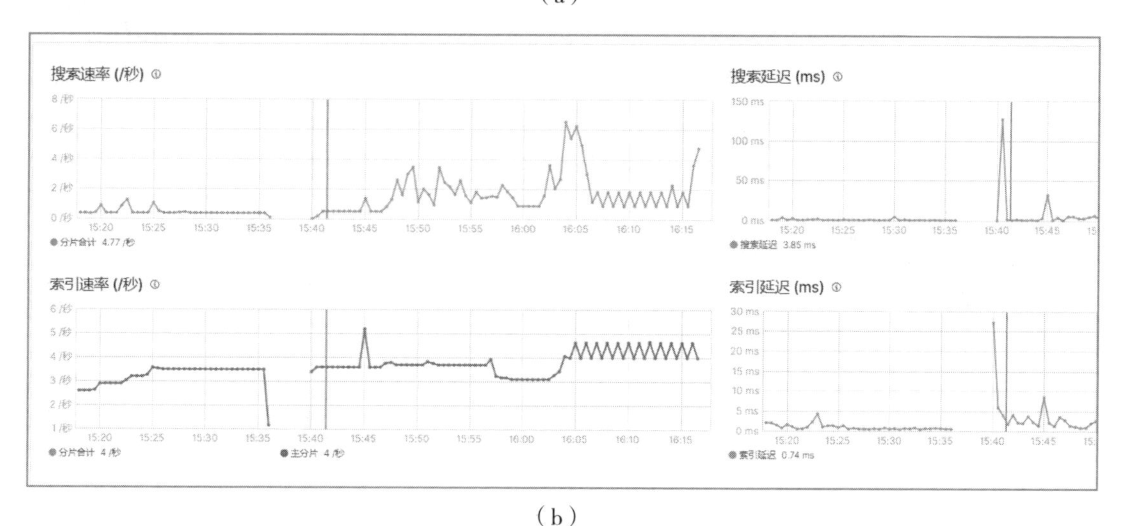

（b）

图 5-46　ELK Web 认证配置